実用理工学入門講座

基礎から応用までの

ラプラス変換・フーリエ解析

熊本高等専門学校名誉教授　　**森 本 義 廣** 編著
同　　　　教授 博 (工)　**村 上 純** 共著

日 新 出 版

ま　え　が　き

　筆者らは大学，高専でラプラス変換・フーリエ解析の講義を受講している学生から，"何に役立つための数学なのか分からない．ただ，ラプラス変換やフーリエ級数展開，フーリエ変換の積分の公式に与えられた関数を代入して，積分ができた，できなかったと，微分積分学の延長の感覚で勉強しています"とよく聞きます．最初のうちは目新しさもあって，少しは興味を持って勉強していますが，延々と積分（しかも厄介な積分）が続くために，そのうち飽きてしまうようです．しかし，線形代数や確率統計などは学生なりに勉強の目的がなんとなく思い浮かべられるので途中で飽きることはないそうです．

　これまでに市販されているラプラス変換・フーリエ解析の本は，その応用については書かれていないものや，付けたし程度のページ数で書かれているものが多いようです．したがって，ラプラス変換・フーリエ解析の物理学や工学への応用例も読者が満足するほど多くありません．本の内容も，将来数学者を目指す学生のために書かれていると思えるものが多々あり，技術者を目指すものにとっては満足できる内容ではないように思えます．

　本書は数式の展開の応用として，物理学や工学の例題をできるだけ取り入れた内容にしています．たとえば，波動，熱伝導，また，線形システムとしての力学系，制御系，電子・情報系などへの応用例を取り上げています．特に，線形システムの入出力の解析ではラプラス変換，フーリエ級数展開，フーリエ変換が強力な武器になっており，今日の電子・通信機器の発展に大きく寄与しています．本書では線形システムの解析に必要な部分の数式展開に紙面を多く取っています．具体的には線形システムに適用される畳み込み積分，非現実的な関数ではあるが数学的に重要な意味をもつデルタ関数，デルタ関数と対比され現実的な関数であるゲート関数，システムの特性を表す伝達関数（システム関数），信号のサンプリング，必要な成分のみを取り出すフィルタなどの役割とラプラス変換，フーリエ級数展開，フーリエ変換の数式展開との関係などを説明し，それぞれについての例題も多く取り上げています．

　本書は初学者を対象にして，ラプラス変換・フーリエ解析がどのような分野に応用されているかを意識しながら学習を進めていくことに重きを置いている

ので，その内容は，

- ・数学的な厳密生を深く追求しません.
- ・自習書として使用できるように編集しています.
- ・ラプラス変換・フーリエ解析の使い方に視点を置くので，難解な例題や問題は取り上げません.
- ・第1, 2章の基礎理論は簡潔に説明し，第3, 4章の応用分野では基本的な項目を取り上げ，できるだけ丁寧に，かつ，平易な数式展開を使って説明しています.

学習の順番としては，

- ・第1章，あるいは第2章の基礎理論を最後まで学習したのちに，第3章，あるいは第4章の応用分野を学習するか．または，
- ・第1章，あるいは第2章の基礎理論の学習途中に，その都度，第3章，あるいは第4章の応用分野の関連する部分を学習する.

以上のような内容にして，2単位の講義で読破してもらえるように編集しています．本書を通して基本的なことを確実に理解してもらえるものと考えています.

本書が読者の皆様方にいくらかでもお役にたち，さらに深く専門へと進む糸口になれば筆者らのこの上ない喜びとするところであります．本書の内容には不備な点，あるいは誤りの点など多くあるかと思われますが，読者の皆様方のご指摘を賜りさらに完全なものにしたいと考えています.

最後に，本書の出版にあたり日新出版株式会社　小川浩志社長，ならびにスタッフの皆様方に終始多大なご協力を賜り深く感謝申し上げます.

平成27年3月1日

編著者　森本義廣

目　　次

第1章　ラプラス変換

1・1　ラプラス変換の定義 ……………………………………………………… 1
1・2　ラプラス変換の収束 ……………………………………………………… 2
1・3　代表的な関数のラプラス変換 …………………………………………… 2
　　（1）単位ステップ関数 $u(t)$ ……………………………………………… 2
　　（2）三角関数 …………………………………………………………………… 2
　　（3）方形波 ……………………………………………………………………… 3
　　（4）単位インパルス関数 …………………………………………………… 3
　　（5）指数関数 $f(t) = e^{at}$ ………………………………………………… 4
　　（6）単位ランプ関数 $f(t) = t$ …………………………………………… 4
1・4　ラプラス変換の性質と公式 ……………………………………………… 6
　　（1）線形性 ……………………………………………………………………… 6
　　（2）相似性 ……………………………………………………………………… 6
　　（3）$f(t)$ の平行移動 ………………………………………………………… 6
　　（4）$F(s)$ の平行移動 ……………………………………………………… 7
　　（5）$f(t)$ の微分 ……………………………………………………………… 8
　　（6）$f(t)$ の積分 ……………………………………………………………… 9
　　（7）$F(s)$ の微分 …………………………………………………………… 10
　　（8）$F(s)$ の積分 …………………………………………………………… 11
　　（9）$f(t)$ の周期関数 ……………………………………………………… 12
　　（10）畳み込み積分 …………………………………………………………… 13
　　（11）最終値の定理と初期値の定理 ……………………………………… 15
1・5　ラプラス逆変換 …………………………………………………………… 17
　　（1）ヘビサイドの展開定理　その1（単根のみの場合）……………… 17
　　（2）ヘビサイドの展開定理　その2（n 重根を持つ場合）………… 19
1・6　微分・積分方程式への応用 ……………………………………………… 21
　　（1）定数係数の1階微分方程式 …………………………………………… 21
　　（2）定数係数の2階微分方程式 …………………………………………… 23
　　（3）積分方程式 ……………………………………………………………… 26
　　練習問題 1 ……………………………………………………………… 29
　　ラプラス変換表 ……………………………………………………………… 33

iv　　　　基礎から応用までのラプラス変換・フーリエ解析

第2章　フーリエ解析

2・1　フーリエ級数とフーリエ係数 ·· 37

　2・1・1　周期 2π の関数のフーリエ級数展開 ······················· 37

　2・1・2　フーリエ余弦級数とフーリエ正弦級数 ····················· 40

　　（1）フーリエ余弦級数 ·· 40

　　（2）フーリエ正弦級数 ·· 41

　　（3）フーリエ級数の収束定理 ·· 42

　2・1・3　任意の周期関数のフーリエ級数展開 ························· 43

　2・1・4　複素フーリエ級数 ·· 45

　練習問題 2（1〜6）··· 48

2・2　フーリエ変換とフーリエ逆変換 ··· 52

　2・2・1　複素フーリエ級数からフーリエ変換へ ····················· 52

　2・2・2　フーリエ積分定理 ·· 55

　2・2・3　フーリエ余弦変換 ·· 55

　2・2・4　フーリエ正弦変換 ·· 56

　2・2・5　フーリエ変換の性質 ·· 57

　　（1）線形性 ·· 57

　　（2）相似性 ·· 57

　　（3）$f(t)$ の平行移動 ·· 59

　　（4）$F(\omega)$ の平行移動 ·· 59

　　（5）対称性 ·· 61

　　（6）$f(t)$ の微分 ··· 63

　　（7）$f(t)$ の積分 ··· 64

　　（8）畳み込み積分 ··· 64

　練習問題 2（7〜12）·· 67

第3章　ラプラス変換の応用

3・1　デルタ関数 $\delta(t)$ の役割とインパルス応答 $h(t)$ および伝達関数 $H(s)$ ···· 72

3・2　時間領域の畳み込み積分 $f_1(t)*f_2(t)=f_2(t)*f_1(t)$ の物理的な意味 ········ 74

3・3　畳み込み積分の計算例 ·· 75

3・4　畳み込み積分とラプラス逆変換の計算例 ······················· 77

3・5　電気・制御系の出力応答 ·· 81

3・6　力学系の出力応答 ·· 86

3・7　偏微分方程式の解き方 ·· 88

目　　次　　　　　　v

練習問題 3 ……………………………………………………………… 94

第4章　フーリエ級数・フーリエ変換の応用

4・1　熱伝導方程式の解法 …………………………………………… 97
　　（1）フーリエ級数による解法 ……………………………………… 97
　　（2）フーリエ変換による解法 …………………………………… 100

4・2　フーリエ級数による級数の解法 …………………………… 103
　　（1）フーリエ級数による解法 …………………………………… 103
　　（2）パーセバルの等式による解法 ……………………………… 105

4・3　フーリエ級数による積分の解法 …………………………… 108

4・4　フーリエ変換からラプラス逆変換へ ……………………… 112

4・5　通信・信号処理への応用 …………………………………… 114
　　（1）デルタ関数 $\delta(t)$ の役割とインパルス応答 $h(t)$ およびシステム関数 $H(\omega)$ ………… 114
　　（2）デルタ関数 $\delta(t)$ の理想的なパルス列 $\delta_T(t)$ とフーリエ変換 …………………… 119
　　（3）ポアソンの求和式 ……………………………………………… 121
　　（4）理想的なパルス列 $\delta_T(t)$ による連続時間関数 $f(t)$ のサンプリング ………… 122
　　（5）ゲート関数を用いた信号の復元 …………………………… 125
　　（6）信号の復元とサンプリング条件 …………………………… 127

練習問題 4 ……………………………………………………………… 129

第1章 ラプラス変換

　ラプラス変換は，主に微分・積分方程式や偏微分方程式の解法に応用される．ラプラス変換による解法手順は，① 微分・積分方程式の時間領域の各項を複素領域の項に変換する．微分・積分方程式は，この変換で複素領域における演算子的な代数方程式に変換される．② 複素領域における代数方程式を解く．③ 複素領域の解（関数）を時間領域の関数に逆変換することによって解を求める．ラプラス変換を使って微分・積分方程式を解く場合，時間領域から複素領域への変換，あるいは複素領域から時間領域への変換のために積分計算をしなくてよいように変換表が用意されている．ラプラス変換は他の方法に比べて最も優れた方法といえる．

1・1　ラプラス変換の定義

　次の性質をもつ時間関数 $f(t)$ に対してラプラス変換が定義される．

1. $f(t)$ は $t \geq 0$ で定義され，$t < 0$ のとき $f(t) = 0$．
2. $f(t)$ は連続である．または，区分的に連続である．
　　　"区分的に連続"とは，隣り合う不連続点の間の区間で連続であり，かつ，不連続点 a において $f(a+0)$ および $f(a-0)$ が存在することである．
3. $\lim_{t \to \infty} |f(t)e^{-\alpha t}| < \infty$ となる α が存在する．

次の積分を関数 $f(t)$ の**ラプラス変換**という．

$$F(s) = \mathcal{L}[f(t)] = \int_0^\infty f(t)e^{-st}dt \quad (t < 0 \text{ のとき } f(t) = 0)$$

ここで，$F(s)$，$\mathcal{L}[f(t)]$ はラプラス変換の記号表記である．ラプラス変換は時間領域から複素領域への一つの写像といえるので，$f(t)$ を $F(s)$ の**原関数**，$F(s)$ を $f(t)$ の**像関数**という．t は実数で，s は一般には複素数

$$s = \alpha + j\omega$$

であるが，特に，実数または純虚数

$$s = \alpha \quad \text{または} \quad s = j\omega$$

の場合もある．

　逆に，$F(s)$ を与えられると $f(t)$ が求められる．この演算を**ラプラス逆変換**

といい,関数論によると,次のように表せる.

$$f(t) = \mathcal{L}^{-1}[F(s)] = \frac{1}{2\pi j}\int_{c-j\infty}^{c+j\infty} F(s)e^{st}ds$$

$\mathcal{L}^{-1}[F(s)]$ はラプラス逆変換の記号表記である.二つの関数 $f_1(t)$, $f_2(t)$ のラプラス変換が等しいとき, $f_1(t)$ と $f_2(t)$ は一致する.したがって,ラプラス逆変換は一義的に定まる.

実際問題として,これらの積分を計算することはほとんどなく, $f(t) \Leftrightarrow F(s)$ の変換表を用いて, $f(t) \rightarrow F(s)$ または, $f(t) \leftarrow F(s)$ へ変換される.

1・2 ラプラス変換の収束

たとえば,**指数関数** $f(t) = e^{at}$ をラプラス変換する. a は複素数,実数または純虚数であってよい.定義式より,

$$F(s) = \mathcal{L}[f(t)] = \int_0^\infty f(t)e^{-st}dt = \int_0^\infty e^{at}e^{-st}dt = \int_0^\infty e^{-(s-a)t}dt$$

$$= \left|\frac{-1}{s-a}e^{-(s-a)t}\right|_0^\infty = \frac{1}{s-a} \quad (\mathrm{Re}(s) > \mathrm{Re}(a))$$

$\mathrm{Re}(s-a) > 0$ のとき積分は存在し, $\mathrm{Re}(s-a) \leq 0$ のとき積分は存在しない. $\lim_{t \to \infty}|f(t)e^{-\alpha t}| < \infty$ となる α が存在すれば積分は存在する.このとき $f(t)$ は**指数位数**であるという.したがって, $f(t) = e^{-5t}$ は指数位数であり(ラプラス変換できる), $f(t) = e^{t^2}$ は指数位数ではない(ラプラス変換できない).

以後,積分が存在する関数のみ扱い, $\mathrm{Re}(s) > \mathrm{Re}(a)$ のように s の範囲を明示しない.

1・3 代表的な関数のラプラス変換

(1) **単位ステップ関数** $u(t)$ (図 1・1)は次のように定義される.

$$u(t) = 0 \quad (t < 0)$$
$$u(t) = 1 \quad (t \geq 0)$$
$$U(s) = \mathcal{L}[u(t)] = \mathcal{L}[1]$$
$$= \int_0^\infty e^{-st}dt = \left|-\frac{1}{s}e^{-st}\right|_0^\infty = \frac{1}{s}$$

図 1・1 単位ステップ関数

(2) **三角関数**

$$f(t) = \sin\omega t \quad \left(= \frac{1}{2j}(e^{j\omega t} - e^{-j\omega t})\right)$$

1・3 代表的な関数のラプラス変換

$$F(s) = \mathcal{L}[\sin\omega t] = \int_0^\infty e^{-st}\sin\omega t\,dt = \frac{1}{2j}\left[\int_0^\infty e^{j\omega t}e^{-st}dt - \int_0^\infty e^{-j\omega t}e^{-st}dt\right]$$

$$= \frac{1}{2j}\left|\frac{-1}{s-j\omega}e^{-(s-j\omega)t} + \frac{1}{s+j\omega}e^{-(s+j\omega)t}\right|_0^\infty = \frac{1}{2j}\left(\frac{1}{s-j\omega} - \frac{1}{s+j\omega}\right)$$

$$= \frac{\omega}{s^2+\omega^2}$$

同様にして,

$$f(t) = \cos\omega t \ \left(=\frac{1}{2}(e^{j\omega t}+e^{-j\omega t})\right)$$

$$F(s) = \mathcal{L}[\cos\omega t] = \int_0^\infty e^{-st}\cos\omega t\,dt = \frac{s}{s^2+\omega^2}$$

(3) **方形波**（パルス波形またはゲート関数）

幅 T, 高さ a の波形（図 1・2）

$$f(t) = 0 \quad (t<0,\ t\geq T)$$
$$f(t) = a \quad (0\leq t<T)$$
$$F(s) = \mathcal{L}[f(t)] = \int_0^T ae^{-st}dt = a\left|-\frac{1}{s}e^{-st}\right|_0^T = \frac{a}{s}(1-e^{-Ts})$$

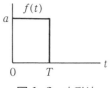

図 1・2　方形波

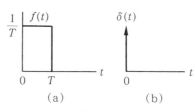

(a)　　　　　　(b)

図 1・3　単位インパルス関数

(4) **単位インパルス関数**

幅 T, 高さ $\dfrac{1}{T}$ の波形（面積1）（図 1・3（a））で, $T\to 0$ としたときの波形を**単位インパルス関数**（単位衝撃関数またはデルタ関数）といい, $\delta(t)$ で表す. 図記号を図 1・3（b）に示す.

$$f(t) = 0 \quad (t<0,\ t\geq T)$$
$$f(t) = \frac{1}{T} \quad (0\leq t<T)$$

$f(t)$ のラプラス変換を求めて, $T\to 0$ とすると,

$$F(s) = \mathcal{L}[f(t)] = \int_0^T \frac{1}{T}e^{-st}dt = \frac{1}{T}\left|-\frac{1}{s}e^{-st}\right|_0^T = \frac{1}{sT}(1-e^{-Ts})$$

$$\mathcal{L}[\delta(t)] = \lim_{T\to 0}\frac{1}{sT}(1-e^{-Ts}) = 1 \quad (\text{不定形のためロピタルの定理を使用})$$

デルタ関数 $\delta(t)$ のラプラス変換は1になる.

デルタ関数 $\delta(t)$（幅は0，高さ∞，面積1）は実現不可能な関数であるが，数学的に定義することによって，多くの分野に応用されている有益な関数である.

また，デルタ関数には次の性質がある.

ラプラス変換が

$$\int_0^\infty \delta(t)e^{-st}dt=1$$

であることは,

$$\int_0^\infty \delta(t)dt=1 \quad (面積=1)$$

$$\delta(t)=0 \quad (t>0)$$

さらに，ある関数 $g(t)$ との積 $\delta(t)g(t)$ に対して,

$$\int_0^\infty \delta(t)g(t)dt=g(0)$$

である.

（5） **指数関数** $f(t)=e^{at}$

先に示したように,

$$F(s)=\mathcal{L}[e^{at}]=\frac{1}{s-a}$$

（6） **単位ランプ関数** $f(t)=t$

$$F(s)=\mathcal{L}[t]=\int_0^\infty te^{-st}dt=\left|-\frac{1}{s}te^{-st}\right|_0^\infty+\frac{1}{s}\int_0^\infty e^{-st}dt$$

$$\left(\frac{1}{s}te^{-st}\bigg|_{t=\infty} にロピタルの定理を使用\right)^{*1}$$

$$=\frac{1}{s}\int_0^\infty e^{-st}dt=\frac{1}{s}\mathcal{L}[u(t)]=\frac{1}{s}\frac{1}{s}=\frac{1}{s^2}$$

以上，代表的な関数をラプラス変換（時間関数から複素関数へ変換）してきた. それでは，複素関数 $F(s)$ にどのような物理的な意味があるかというと，物理的な意味はなく，後に学ぶようにラプラス変換とラプラス逆変換が対になって初めて威力を発揮する. 第2章で学ぶフーリエ変換は時間領域を周波数領域に

---

*1　極限値を表す $\lim_{x\to a}f(x)$ について，以後 $|f(x)|_{x=a}$ や，さらに lim のおよぶ範囲が明確な場合は $f(x)|_{x=a}$ と略記することもある.

　　たとえば，$\lim_{x\to\infty}(\sqrt{x^2+1}-x)$ を $|\sqrt{x^2+1}-x|_{x=\infty}$，$\lim_{x\to\infty}\frac{x+1}{x}$ を $\frac{x+1}{x}\bigg|_{x=\infty}$ のように.

1・3　代表的な関数のラプラス変換　　5

変換して，時間の側面から眺めていたものを，別の観点（周波数の側面）から眺めるもので，物理的な意味をもつ.

【問題 1・1】　次の関数をラプラス変換せよ.

1.　定数 a

2.　$f(t) = \cos \omega t$　$\left(\text{オイラーの公式} \dfrac{1}{2}(e^{j\omega t} + e^{-j\omega t}) \text{を使わずに}\right)$

3.　単位ステップ関数 $u(t)$ より時間 a $(a>0)$ だけ遅れ（時間軸の正の方向に a だけ平行移動）て発生した波形 $f(t) = u(t-a)$ （図 1・4）

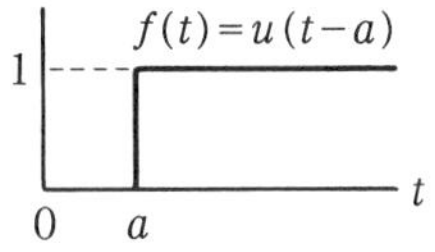

4.　$f(t) = t^2$

図 1・4　$u(t-a)$

［略解］

1.　a を $au(t)$ と考え，$F(s) = \mathcal{L}[a] = \mathcal{L}[au(t)] = \displaystyle\int_0^\infty ae^{-st}dt = a\dfrac{1}{s}$

2.　部分積分の公式を使う.

$$F(s) = \int_0^\infty e^{-st}\cos \omega t\, dt$$

$$|e^{-st}\sin \omega t|_0^\infty = -s\int_0^\infty e^{-st}\sin \omega t\, dt + \omega \int_0^\infty e^{-st}\cos \omega t\, dt$$

$$0 = -s\int_0^\infty e^{-st}\sin \omega t\, dt + \omega F(s)$$

$$|e^{-st}\cos \omega t|_0^\infty = -s\int_0^\infty e^{-st}\cos \omega t\, dt - \omega \int_0^\infty e^{-st}\sin \omega t\, dt$$

$$-1 = -sF(s) - \omega \int_0^\infty e^{-st}\sin \omega t\, dt$$

上の関係式から，$F(s)$ を求めると，

$$F(s) = \int_0^\infty e^{-st}\cos \omega t\, dt = \frac{s}{s^2 + \omega^2}$$

3.　$f(t) = u(t-a)$ は $u(t-a) = 0\,(t<a)$，$u(t-a) = 1\,(t \geq a)$ の関数.
ラプラス変換の積分範囲は $t = a \sim \infty$ となる.

$$F(s) = \int_0^\infty u(t-a)e^{-st}dt = \int_a^\infty e^{-st}dt$$

この積分は

$$F(s) = \frac{1}{s}e^{-as}$$

4.　部分積分の公式を使う.

$$F(s) = \int_0^\infty t^2 e^{-st}dt$$

$$\int_0^\infty t^2 e^{-st}dt = \left| -\frac{1}{s}t^2 e^{-st} \right|_0^\infty + \frac{2}{s}\int_0^\infty t e^{-st}dt$$

6　　　　　　　　　　　第1章　ラプラス変換

$$\int_0^\infty te^{-st}dt = \mathcal{L}[t] = \frac{1}{s^2}$$

上の関係式から

$$F(s) = \frac{2}{s^3}$$

1・4　ラプラス変換の性質と公式

ラプラス変換の定義式から導かれる主な性質について述べる．これらの性質を使うことによって，複雑な原関数も容易にラプラス変換できる．

（1）　**線形性**

原関数 $f_1(t)$, $f_2(t)$ とその像関数 $F_1(s) = \mathcal{L}[f_1(t)]$, $F_2(s) = \mathcal{L}[f_2(t)]$ に対して，

$$\mathcal{L}[f_1(t) \pm f_2(t)] = F_1(s) \pm F_2(s)$$
$$\mathcal{L}[af_1(t) \pm bf_2(t)] = aF_1(s) \pm bF_2(s) \qquad (a, b \text{ は定数})$$

（2）　**相似性**

$\mathcal{L}[f(t)] = F(s)$, $a > 0$ であるならば，

$$\mathcal{L}[f(at)] = \frac{1}{a}F\left(\frac{s}{a}\right) \quad \text{または} \quad \mathcal{L}^{-1}[F(as)] = \frac{1}{a}f\left(\frac{t}{a}\right)$$

［証明］　$at = \tau$ とおく．$dt = \dfrac{1}{a}d\tau$ より，

$$\mathcal{L}[f(at)] = \int_0^\infty f(at)e^{-st}dt = \frac{1}{a}\int_0^\infty f(\tau)e^{-\frac{s}{a}\tau}d\tau = \frac{1}{a}F\left(\frac{s}{a}\right)$$

証明終わり．

【問題 1・2】　（1）　$\mathcal{L}[\cos t] = \dfrac{s}{s^2+1}$ を知って，$\mathcal{L}^{-1}\left[\dfrac{s}{s^2+\omega^2}\right]$ を求めよ．

　　　　　　　（2）　$\mathcal{L}[\sin t] = \dfrac{1}{s^2+1}$ を知って，$\mathcal{L}^{-1}\left[\dfrac{\omega}{s^2+\omega^2}\right]$ を求めよ．

［略解］　（1）　$\mathcal{L}^{-1}\left[\dfrac{s}{s^2+\omega^2}\right] = \mathcal{L}^{-1}\left[\dfrac{1}{\omega}\dfrac{s/\omega}{(s/\omega)^2+1}\right] = \cos \omega t$

　　　　　（2）　$\mathcal{L}^{-1}\left[\dfrac{\omega}{s^2+\omega^2}\right] = \mathcal{L}^{-1}\left[\dfrac{1}{\omega}\dfrac{1}{(s/\omega)^2+1}\right] = \sin \omega t$

（3）　**$f(t)$ の平行移動**

$\mathcal{L}[f(t)] = F(s)$, $a > 0$ であるとき（**図 1・5**），

$$\mathcal{L}[f(t-a)u(t-a)] = e^{-as}F(s)$$

［証明］　$t - a = \tau$ とおく．

$$\mathcal{L}[f(t-a)u(t-a)]$$
$$=\int_a^\infty f(t-a)e^{-st}dt=\int_0^\infty f(\tau)e^{-s(\tau+a)}d\tau$$
$$=e^{-as}\int_0^\infty f(\tau)e^{-s\tau}d\tau=e^{-as}F(s)$$

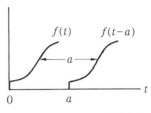

図 1・5 $f(t)$ の平行移動

証明終わり．

【問題 1・3】 (1) 図 1・6 (a) の方形波 $f(t)$ をラプラス変換せよ．

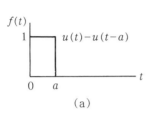

図 1・6 方形波

(2) $\mathcal{L}[e^{j\omega t}]=\dfrac{1}{s-j\omega}$ を知って，$\mathcal{L}[e^{j(\omega t-\theta)}]$ を求めよ．

(3) $f(t)=\sin t\,(0\leq t<\pi)$, $f(t)=0\,(\pi\leq t)$ の波形 $f(t)$
（図 1・7）をラプラス変換せよ．

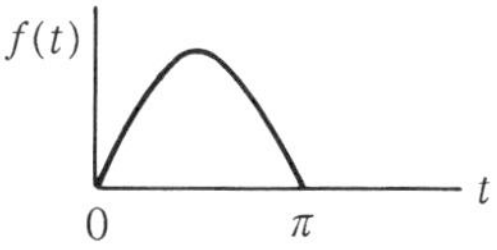

[略解] (1) 図 1・6 (b) に示すように，
$f(t)=u(t)-u(t-a)$ である．
$$\mathcal{L}[f(t)]=\mathcal{L}[u(t)-u(t-a)]$$
$$=\dfrac{1}{s}(1-e^{-as})$$

図 1・7 $\sin t\,(0\leq t<\pi)$

(2) $\mathcal{L}[e^{j(\omega t-\theta)}]=\mathcal{L}[e^{j\omega(t-\frac{\theta}{\omega})}]=\dfrac{1}{s-j\omega}e^{-\frac{\theta}{\omega}s}$

(3) $f(t)$ は $\sin t$ と $u(t-\pi)\sin(t-\pi)$ の和である．
$$F(s)=\mathcal{L}[f(t)]=\mathcal{L}[\sin t]+\mathcal{L}[u(t-\pi)\sin(t-\pi)]$$
$$=\dfrac{1}{s^2+1}+\dfrac{1}{s^2+1}e^{-\pi s}=\dfrac{1}{s^2+1}(1+e^{-\pi s})$$

(4) $F(s)$ の平行移動

$\mathcal{L}[f(t)]=F(s)$ のとき，
$$\mathcal{L}[e^{-at}f(t)]=F(s+a)$$

8 　　　　　　第1章　ラプラス変換

[証明]　$s+a=s_1$ とおく.

$$\mathcal{L}[e^{-at}f(t)]=\int_0^\infty f(t)e^{-at}e^{-st}dt=\int_0^\infty f(t)e^{-(s+a)t}dt$$

$$=\int_0^\infty f(t)e^{-s_1t}dt=F(s_1)=F(s+a)$$

証明終わり.

【問題 1・4】　(1)　$\mathcal{L}[\cos\omega t]=\dfrac{s}{s^2+\omega^2}$ を知って, $\mathcal{L}[e^{-at}\cos\omega t]$ を求めよ.

　　　　　　(2)　$\mathcal{L}[f(t)]=F(s)$ のとき, $\mathcal{L}^{-1}[F(cs+a)]$ を求めよ.

　　　　　　(3)　$\mathcal{L}[t]=\dfrac{1}{s^2}$ を知って, $\mathcal{L}[te^{-at}]$ を求めよ.

[略解]　(1)　$\mathcal{L}[e^{-at}\cos\omega t]=\dfrac{s+a}{(s+a)^2+\omega^2}$

　　　　(2)　$\mathcal{L}^{-1}[F(cs+a)]=\mathcal{L}^{-1}\left[F\left\{c\left(s+\dfrac{a}{c}\right)\right\}\right]=\dfrac{1}{c}e^{-\frac{a}{c}t}f\left(\dfrac{t}{c}\right)$

　　　　　　$\left(\mathcal{L}^{-1}[F(cs)]=\dfrac{1}{c}f\left(\dfrac{t}{c}\right)\ \text{より}\right)$

　　　　(3)　$\mathcal{L}[te^{-at}]=\dfrac{1}{(s+a)^2}$

(5)　$f(t)$ の微分

$\mathcal{L}[f(t)]=F(s)$ のとき,

　　　　I　$\mathcal{L}[f'(t)]=sF(s)-f(0)$

　　　　II　$\mathcal{L}[f''(t)]=s^2F(s)-sf(0)-f'(0)$

　　　　III　$\mathcal{L}[f^{(n)}(t)]=s^nF(s)-s^{n-1}f(0)-s^{n-2}f'(0)-\cdots-f^{(n-1)}(0)$

[証明]　I　$\mathcal{L}[f'(t)]=\int_0^\infty f'(t)e^{-st}dt=s\int_0^\infty f(t)e^{-st}dt+|f(t)e^{-st}|_0^\infty$

　　　　　　　$=sF(s)-f(0)$　　　($f(0)$ は $F(+0)$ を意味する)

　　　　II　$\mathcal{L}[f''(t)]=\mathcal{L}[(f'(t))']=s\,\mathcal{L}[f'(t)]-f'(0)=s(sF(s)-f(0))-f'(0)$

　　　　　　　$=s^2F(s)-sf(0)-f'(0)$

　　　　III　$\mathcal{L}[f^{(n)}(t)]=s\,\mathcal{L}[f^{(n-1)}(t)]-f^{(n-1)}(0)$

　　　　　　　$=s(s\,\mathcal{L}[f^{(n-2)}(t)]-f^{(n-2)}(0))-f^{(n-1)}(0)$

　　　　　　　$=s^2\mathcal{L}[f^{(n-2)}(t)]-sf^{(n-2)}(0)-f^{(n-1)}(0)$

　　　　　　　$=\cdots$

　　　　　　　$=s^nF(s)-s^{n-1}f(0)-s^{n-2}f'(0)-\cdots-f^{(n-1)}(0)$

1・4　ラプラス変換の性質と公式　　9

証明終わり.

【問題 1・5】　（1）　$\mathcal{L}\left[\dfrac{1}{\omega}(\sin(\omega t))'\right]=\dfrac{s}{s^2+\omega^2}$ になることを示せ.

　　　　　　　（2）　$\mathcal{L}[(\sin(\omega t))'']$ より，$\mathcal{L}[\sin\omega t]$ を求めよ.

　　　　　　　（3）　$\mathcal{L}[t]$ を求めよ.

　　　　　　　（4）　$\mathcal{L}[t^n]$ を求めよ.　ただし，n は任意の正の整数.

[略解]　（1）　$\mathcal{L}\left[\dfrac{1}{\omega}(\sin(\omega t))'\right]=\dfrac{1}{\omega}s\,\mathcal{L}[\sin\omega t]-\dfrac{1}{\omega}\sin(0)$

　　　　　　　　　　　　　　　　　$=\dfrac{s}{\omega}\dfrac{\omega}{s^2+\omega^2}=\dfrac{s}{s^2+\omega^2}$

　　　　（2）　$\mathcal{L}[(\sin(\omega t))'']=-\omega^2\mathcal{L}[\sin\omega t]$

　　　　　　　$\mathcal{L}[(\sin(\omega t))'']=s^2\mathcal{L}[\sin\omega t]-s\cdot\sin(0)-\omega\cdot\cos(0)$

　　　　　　　$-\omega^2\mathcal{L}[\sin\omega t]=s^2\mathcal{L}[\sin\omega t]-\omega$

　　　　　　　$\mathcal{L}[\sin\omega t](s^2+\omega^2)=\omega$

　　　　　　　$\mathcal{L}[\sin\omega t]=\dfrac{\omega}{s^2+\omega^2}$

　　　　（3）　$\mathcal{L}[t']=s\,\mathcal{L}[t]-0=s\,\mathcal{L}[t]$

　　　　　　　$\mathcal{L}[t']=\mathcal{L}[1]=\dfrac{1}{s}$

　　　　　　　$s\,\mathcal{L}[t]=\dfrac{1}{s}$

　　　　　　　$\mathcal{L}[t]=\dfrac{1}{s^2}$

　　　　（4）　$\mathcal{L}\left[\dfrac{d^{n+1}}{dt^{n+1}}t^n\right]=0=s^{n+1}\mathcal{L}[t^n]-n!$

　　　　　　　$\dfrac{d^n}{dt^n}t^n\bigg|_{t=0}=n!$　（n 回微分値以外は0）

　　　　　　　$\mathcal{L}[t^n]=n!\dfrac{1}{\varepsilon^{n+1}}$

（6）　$f(t)$ の積分

$\mathcal{L}[f(t)]=F(s)$ のとき，

　　　Ⅰ　$\mathcal{L}\left[\displaystyle\int f(t)\,dt\right]=\dfrac{1}{s}F(s)+\dfrac{1}{s}\displaystyle\int f(t)\,dt\bigg|_{t=0}=\dfrac{1}{s}F(s)+\dfrac{1}{s}f^{(-1)}(0)$

　　　　　ただし，$\displaystyle\int f(t)\,dt\bigg|_{t=0}=f^{(-1)}(0)$ と書く.

　　　Ⅱ　$\mathcal{L}\left[\displaystyle\int_0^t f(t)\,dt\right]=\dfrac{1}{s}F(s)$

10　　　　　　　　　第1章　ラプラス変換

［証明］　I　$\mathcal{L}\left[\int f(t)\,dt\right]=\int_0^\infty \left(\int f(t)\,dt\right)e^{-st}\,dt$

$$=\frac{1}{s}\int_0^\infty f(t)e^{-st}\,dt-\frac{1}{s}\left|e^{-st}\int f(t)\,dt\right|_0^\infty$$

$$=\frac{1}{s}F(s)+\frac{1}{s}\int f(t)\,dt\Big|_{t=0}=\frac{1}{s}F(s)+\frac{1}{s}f^{(-1)}(0)$$

$$(f^{(-1)}(0) は f^{(-1)}(+0) を意味する)$$

　　　　II　$\mathcal{L}\left[\int_0^t f(t)\,dt\right]=\int_0^\infty\left(\int_0^t f(t)\,dt\right)e^{-st}\,dt$

$$=\frac{1}{s}\int_0^\infty f(t)e^{-st}\,dt-\frac{1}{s}\left|e^{-st}\int_0^t f(t)\,dt\right|_0^\infty$$

$$=\frac{1}{s}F(s)-0+0=\frac{1}{s}F(s)$$

証明終わり.

【問題 1・6】　(1)　$\int u(t)\,dt=t$ を使って，$\mathcal{L}[t]$ を求めよ.

　　　　　　　(2)　$\int 2t\,dt=t^2$ を使って，$\mathcal{L}[t^2]$ を求めよ.

［略解］　(1)　$\mathcal{L}[t]=\mathcal{L}\left[\int u(t)\,dt\right]=\frac{1}{s}\mathcal{L}[u(t)]+\frac{1}{s}t\Big|_{t=0}=\frac{1}{s}\frac{1}{s}=\frac{1}{s^2}$

　　　　　(2)　$\mathcal{L}[t^2]=\mathcal{L}\left[\int 2t\,dt\right]=\frac{1}{s}\mathcal{L}[2t]+\frac{1}{s}t^2\Big|_{t=0}=\frac{1}{s}\frac{2}{s^2}=\frac{2}{s^3}$

(7)　$F(s)$ の微分

$\mathcal{L}[f(t)]=F(s)$ のとき，

　　　　I　$F'(s)=-\mathcal{L}[tf(t)]$

　　　　II　$F^{(n)}(s)=(-1)^n\mathcal{L}[t^n f(t)]$

［証明］　I　$F(s)=\mathcal{L}[f(t)]=\int_0^\infty f(t)e^{-st}\,dt$ を s で微分する.

$$F'(s)=\frac{d}{ds}\int_0^\infty f(t)e^{-st}\,dt=\int_0^\infty \frac{\partial}{\partial s}f(t)e^{-st}\,dt$$

$$=-\int_0^\infty f(t)te^{-st}\,dt=-\mathcal{L}[tf(t)]$$

　　　　II　$F(s)=\int_0^\infty f(t)e^{-st}\,dt$ を s で，さらに2回，3回と微分する.

$$F''(s)=\frac{d}{ds}\left(\frac{d}{ds}\int_0^\infty f(t)e^{-st}\,dt\right)=-\frac{d}{ds}\left(\int_0^\infty f(t)te^{-st}\,dt\right)$$

$$=(-1)^2\int_0^\infty f(t)t^2 e^{-st}\,dt=(-1)^2\mathcal{L}[t^2 f(t)]$$

$$F'''(s)=(-1)^3\mathcal{L}[t^3 f(t)]$$

1・4　ラプラス変換の性質と公式　　　11

以下，n 回微分すると，
$$F^{(n)}(s)=(-1)^n \mathcal{L}[t^n f(t)]$$
証明終わり．

【問題 1・7】　（1）　$\mathcal{L}[\cos\omega t]=\dfrac{s}{s^2+\omega^2}$ を知って，$\mathcal{L}[t\cos\omega t]$ を求めよ．

　　　　　　（2）　$\mathcal{L}[\sin\omega t]=\dfrac{\omega}{s^2+\omega^2}$ を知って，$\mathcal{L}[t\sin\omega t]$ を求めよ．

　　　　　　（3）　$\mathcal{L}[te^{at}]$ を求めよ．

[略解]　（1）　$\mathcal{L}[t\cos\omega t]=-\dfrac{d}{ds}\dfrac{s}{s^2+\omega^2}=\dfrac{s^2-\omega^2}{(s^2+\omega^2)^2}$

　　　　（2）　$\mathcal{L}[t\sin\omega t]=-\dfrac{d}{ds}\dfrac{\omega}{s^2+\omega^2}=\dfrac{2\omega s}{(s^2+\omega^2)^2}$

　　　　（3）　$\mathcal{L}[te^{at}]=-\dfrac{d}{ds}\dfrac{1}{s-a}=\dfrac{1}{(s-a)^2}$

（8）　**$F(s)$ の積分**

$\mathcal{L}[f(t)]=F(s)$ のとき，

　　Ⅰ　$\displaystyle\int_s^\infty F(s)\,ds=\mathcal{L}\left[\dfrac{1}{t}f(t)\right]$

　　Ⅱ　$\displaystyle\int_s^\infty\int_s^\infty\cdots\int_s^\infty F(s)\,ds^n=\mathcal{L}\left[\dfrac{1}{t^n}f(t)\right]$

[証明]　Ⅰ　$F(s)=\displaystyle\int_0^\infty f(t)e^{-st}dt$ を s で $s\sim\infty$ まで積分する．

$$\int_s^\infty F(s)ds=\int_s^\infty\left(\int_0^\infty f(t)e^{-st}dt\right)ds=\int_0^\infty f(t)\left(\int_s^\infty e^{-st}ds\right)dt$$
$$=\int_0^\infty f(t)\frac{e^{-st}}{t}dt=\int_0^\infty\frac{1}{t}f(t)e^{-st}dt=\mathcal{L}\left[\frac{1}{t}f(t)\right]$$

　　Ⅱ　$F(s)=\displaystyle\int_0^\infty f(t)e^{-st}dt$ を s で 2 回積分すると，

$$\int_s^\infty\int_s^\infty F(s)ds^2=\int_0^\infty\frac{1}{t}f(t)\int_s^\infty e^{-st}ds\,dt$$
$$\int_0^\infty\frac{1}{t}f(t)\frac{1}{t}e^{-st}dt=\int_0^\infty\frac{1}{t^2}f(t)e^{-st}dt=\mathcal{L}\left[\frac{1}{t^2}f(t)\right]$$

　　　n 回積分すると，

$$\int_s^\infty\int_s^\infty\cdots\int_s^\infty F(s)ds^n=\mathcal{L}\left[\frac{1}{t^n}f(t)\right]$$
証明終わり．

【問題 1・8】　（1）　$\mathcal{L}[\sin\omega t]=\dfrac{\omega}{s^2+\omega^2}$ を知って，$\mathcal{L}\left[\dfrac{1}{t}\sin\omega t\right]$ を求めよ．

[略解] （1） $\mathcal{L}\left[\dfrac{1}{t}\sin\omega t\right]=\displaystyle\int_s^\infty \dfrac{\omega}{s^2+\omega^2}ds=\dfrac{\pi}{2}-\tan^{-1}\dfrac{s}{\omega}=\tan^{-1}\dfrac{\omega}{s}$

$\left(\text{積分の公式}\ \displaystyle\int\dfrac{1}{x^2+a^2}dx=\dfrac{1}{a}\tan^{-1}\dfrac{x}{a}+A,\ a\neq 0\right)$

（9） $f(t)$ の周期関数

$f(t)\,(t\geq 0)$ を周期 T の関数 $f(t)=f(t+nT)\,(n=0,1,2,\cdots)$（図 1・8）とし、次の式で表す．

$$f(t)=g(t)+g(t-T)+g(t-2T)+\cdots$$

ただし，$g(t)$ は区間 $0\leq t<T$ における $f(t)$ の関数で，$g(t)=0\,(T\leq t)$ とする．

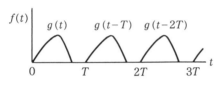

図 1・8　周期関数

$f(t)$ の最初の 1 周期の関数 $g(t)$ は $f(t)$ と $f(t-T)u(t-T)$ の差で表せる．

$$g(t)=f(t)-f(t-T)u(t-T)$$

この両辺をラプラス変換すると，次の関係が得られる．

$$\mathcal{L}[g(t)]=\mathcal{L}[f(t)]-\mathcal{L}[f(t-T)u(t-T)]$$

$$G(s)=F(s)-F(s)e^{-sT}$$

$$F(s)=\dfrac{1}{1-e^{-sT}}G(s)$$

【問題 1・9】

（1） $g(t)=\sin\omega t\left(0\leq t<\dfrac{2\pi}{\omega}\right)$, $g(t)=0\left(\dfrac{2\pi}{\omega}\leq t\right)$ の波形 $g(t)$ をラプラス変換せよ．

（2） 単位インパルスよりなる周期 T の波形列 $f(t)$（図 1・9）をラプラス変

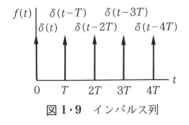

図 1・9　インパルス列

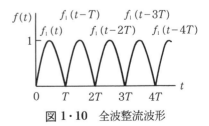

図 1・10　全波整流波形

換せよ.
$$f(t)=\delta(t)+\delta(t-T)+\delta(t-2T)+\cdots$$

(3) 関数 $f_1(t)=\sin\omega t\left(0\leq t<\dfrac{\pi}{\omega}\right)$, $f_1(t)=0\left(\dfrac{\pi}{\omega}\leq t\right)$ よりなる周期 $T=\dfrac{\pi}{\omega}$ の波形列 $f(t)$ (**全波整流波形**という)(図 1・10) をラプラス変換せよ.
$$f(t)=f_1(t)+f_1(t-T)+f_1(t-2T)+\cdots$$

(4) 関数 $f_1(t)=\dfrac{1}{T}t\,(0\leq t<T)$, $f_1(t)=0\,(T\leq t)$ よりなる周期 T の波形列 $f(t)$ (**のこぎり波形**という)(図 1・11) をラプラス変換せよ.
$$f(t)=f_1(t)+f_1(t-T)+f_1(t-2T)+\cdots$$

[略解]

(1) $F(s)=\mathcal{L}[\sin\omega t]=\dfrac{\omega}{s^2+\omega^2}$ ($0\leq t$)

$G(s)=(1-e^{-sT})F(s)=\dfrac{\omega}{s^2+\omega^2}(1-e^{-sT})$

$\left(T=\dfrac{2\pi}{\omega}\right)$

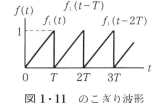

図 1・11 のこぎり波形

(2) $g(t)=\delta(t)$

$G(s)=\mathcal{L}[g(t)]=\mathcal{L}[\delta(t)]=1$

$F(s)=\dfrac{1}{1-e^{-sT}}G(s)=\dfrac{1}{1-e^{-sT}}$

(3) $f_1(t)=\sin\omega t\left(0\leq t<\dfrac{\pi}{\omega}\right)$, $f_1(t)=0\left(\dfrac{\pi}{\omega}\leq t\right)$ は

$\sin\omega t\,(t\geq 0)$ と $u(t-T)\sin\omega(t-T)$ の和である.

$f_1(t)=\sin\omega t+u(t-T)\sin\omega(t-T)$

$F_1(s)=\dfrac{\omega}{s^2+\omega^2}(1+e^{-sT})$

$F(s)=\dfrac{1}{1-e^{-sT}}F_1(s)=\dfrac{1+e^{-sT}}{1-e^{-sT}}\dfrac{\omega}{s^2+\omega^2}$

(4) $F_1(s)=\displaystyle\int_0^t \dfrac{1}{T}te^{-st}dt=\dfrac{1}{Ts^2}\{(1-e^{-sT})-Tse^{-sT}\}$

$F(s)=\dfrac{1}{1-e^{-sT}}F_1(s)=\dfrac{1}{Ts^2}-\dfrac{1}{s}\dfrac{e^{-sT}}{1-e^{-sT}}$

(10) **畳み込み積分**

区間 $[0,\infty)$ で定義された関数 $f_1(t)$, $f_2(t)$ に対する次の積分を**畳み込み積分**,または**合成積**といい,$f_1(t)*f_2(t)$ で表す.

$$\boldsymbol{f_1(t)*f_2(t)=\int_0^t f_1(\tau)f_2(t-\tau)d\tau}$$

14   第1章　ラプラス変換

この式に，$\tau = t - \gamma\,(d\tau = -d\gamma)$ を代入すると，

$$\int_0^t f_1(\tau)f_2(t-\tau)d\tau = \int_0^t f_2(\gamma)f_1(t-\gamma)d\gamma = f_2(t) * f_1(t)$$

より，次の関係が得られる.

$$f_1(t) * f_2(t) = f_2(t) * f_1(t)$$

この畳み込み積分のラプラス変換について，次の関係が成り立つ.

$$\mathcal{L}[f_1(t) * f_2(t)] = F_1(s)F_2(s)$$
$$\mathcal{L}^{-1}[F_1(s)F_2(s)] = f_1(t) * f_2(t)$$

この関係式は次のように証明される.

　[証明]　$F_1(s)F_2(s) = \displaystyle\int_0^\infty f_1(x)e^{-sx}dx \int_0^\infty f_2(y)e^{-sy}dy$

$$= \int_0^\infty \int_0^\infty e^{-s(x+y)}f_1(x)f_2(y)dxdy$$

この式を変数変換 $(x+y=t,\ x=\tau)$ とすると，$(x-y)$ 平面での微小面積 $dxdy$ が $(t-\tau)$ 平面では t,τ に関するヤコビの関数行列式によって，

$$\begin{vmatrix} \dfrac{\partial y}{\partial t} & \dfrac{\partial x}{\partial t} \\[2mm] \dfrac{\partial y}{\partial \tau} & \dfrac{\partial x}{\partial \tau} \end{vmatrix}dtd\tau = \begin{vmatrix} 1 & 0 \\ -1 & 1 \end{vmatrix}dtd\tau = dtd\tau$$

$dtd\tau$ となるので，上式は次のように変形される.

$$= \int_0^\infty \int_0^\infty e^{-s(x+y)}f_1(x)f_2(y)dy\,dx = \int_0^\infty \int_\tau^\infty e^{-st}f_1(\tau)f_2(t-\tau)dtd\tau$$

$$= \int_0^\infty e^{-st}\left\{\int_0^t f_1(\tau)f_2(t-\tau)d\tau\right\}dt = \mathcal{L}[f_1(t) * f_2(t)]$$

証明終わり.

　[注意]　① $\mathcal{L}[f_1(t) \pm f_2(t)] = F_1(s) \pm F_2(s)$

　　　　　② $\mathcal{L}[f_1(t) * f_2(t)] = F_1(s) \cdot F_2(s)$

　　　　　③ $\mathcal{L}[f_1(t) \cdot f_2(t)] \neq F_1(s) \cdot F_2(s)$

　　　　　④ $\mathcal{L}\left[\dfrac{f_1(t)}{f_2(t)}\right] \neq \dfrac{F_1(s)}{F_2(s)}$

【問題 1・10】　次の関数をラプラス逆変換せよ.

（1）　$\dfrac{1}{s^2}\dfrac{1}{s-1}$

（2）　$\dfrac{1}{(s^2+1)^2}$

1・4 ラプラス変換の性質と公式 15

（3）　$\dfrac{s}{(s^2+1)^2}$

[略解]　（1）　$\mathcal{L}^{-1}\Big[\dfrac{1}{s^2}\dfrac{1}{s-1}\Big]=t*e^t=\displaystyle\int_0^t(t-\tau)e^\tau d\tau=e^t-t-1$

（2）　$\mathcal{L}^{-1}\Big[\dfrac{1}{(s^2+1)^2}\Big]=\sin t*\sin t=\displaystyle\int_0^t\sin\tau\cdot\sin(t-\tau)d\tau$

$=\dfrac{-1}{2}\displaystyle\int_0^t(\cos t-\cos(t-2\tau))d\tau=\dfrac{-1}{2}\left|\tau\cos t+\dfrac{1}{2}\sin(t-2\tau)\right|_0^t$

$=\dfrac{1}{2}(\sin t-t\cos t)$

（3）　$\mathcal{L}^{-1}\Big[\dfrac{s}{(s^2+1)^2}\Big]=\sin t*\cos t=\displaystyle\int_0^t\sin\tau\cdot\cos(t-\tau)d\tau$

$=\dfrac{1}{2}\displaystyle\int_0^t(\sin t+\sin(2\tau-t))d\tau$

$=\dfrac{1}{2}\left|\tau\sin t-\dfrac{1}{2}\cos(2\tau-t)\right|_0^t=\dfrac{1}{2}t\sin t$

（11）　最終値の定理と初期値の定理

関数 $f(t)$ が $t\to\infty$ のときにとる値を $f(t)$ の**最終値**という．たとえば，次の像関数

$$F(s)=\frac{P(s)}{Q(s)}=\frac{A_1}{s-s_1}+\frac{A_2}{s-s_2}+\cdots+\frac{A_n}{s-s_n}$$

について考える．この式の原関数

$$f(t)=\mathcal{L}^{-1}[F(s)]=A_1e^{s_1t}+A_2e^{s_2t}+\cdots+A_ne^{s_nt}$$

$f(t)$ の最終値は $s_r(1\le r\le n)$ の値によって決まる．

s_r に純虚数があれば，その項は一定振動するために，$f(t)$ の最終値は定まらない．s_r の実数部が正であれば $f(t)$ の最終値は指数関数的に，または振動しながら増加発散する．したがって，$f(t)$ が最終値を持つためには，一定振動や増加発散する項 s_r があってはならない．もし，このような項 s_r がなければ，s_r がゼロである項は，その係数 A_r が $f(t)$ の最終値になる．すべての s_r の実数部が負であれば $f(t)$ の最終値は指数関数的に，または振動しながら減衰してゼロになる．この関係を数式で示すと次のようになる．

最終値の定理

$$\lim_{s\to0}\mathcal{L}[f'(t)]=\lim_{s\to0}\int_0^\infty f'(t)e^{-st}dt=\lim_{s\to0}\{sF(s)-f(0)\}$$

上式の第 2 式は $e^{-st}|_{s=0}=1$ より，

16　　　　　　　　　第1章　ラプラス変換

$$\lim_{s \to 0} \int_0^{\infty} f'(t)e^{-st}dt = \lim_{t \to \infty} \int_0^t f'(t)dt = \lim_{t \to \infty}\{f(t)-f(0)\} = \lim_{t \to \infty}f(t)-f(0)$$

第3式は

$$\lim_{s \to 0}\{sF(s)-f(0)\} = \lim_{s \to 0}sF(s)-f(0)$$

第2式＝第3式から,

$$\lim_{t \to \infty}f(t)-f(0) = \lim_{s \to 0}sF(s)-f(0)$$

次の**最終値の定理**が得られる.

$$\lim_{t \to \infty}f(t) = \lim_{s \to 0}sF(s) = \frac{P(s)}{Q(s)}s\Big|_{s=0}$$

$f(t)$ が最終値をもつためには, 一定振動や増加発散する項 s_r があってはならない. すなわち, $sF(s) = \dfrac{P(s)}{Q(s)}s$ の分母の根の実数部が負であることが必要である (当然のことであるが, $f(t)$ と $f'(t)$ はラプラス変換が可能でなければならない).

　初期値の定理

　$f(t)$ と $f'(t)$ はラプラス変換が可能で, $\lim_{s \to \infty}sF(s)$ が存在するとき, $f(t)$ の初期値は

$$\lim_{t \to 0}f(t) = \lim_{s \to \infty}sF(s)$$

で与えられる. これを**初期値の定理**という.

　次のようにして証明される.

$$\lim_{s \to \infty}\mathcal{L}[f'(t)] = \lim_{s \to \infty}\int_0^{\infty}f'(t)e^{-st}dt = \lim_{s \to \infty}\{sF(s)-f(0)\}$$

上式の第2式の $e^{-st}|_{s=\infty}=0$ より,

$$\lim_{s \to \infty}\{sF(s)-f(0)\} = \lim_{s \to \infty}sF(s)-f(0) = \lim_{s \to \infty}sF(s)-\lim_{t \to 0}f(t) = 0$$
$$\lim_{t \to 0}f(t) = \lim_{s \to \infty}sF(s)$$

初期値の定理が得られる.

【**問題 1・11**】

1. $F(s) = \dfrac{s+6}{s(s+1)(s+2)}$ において, $f(t) = \mathcal{L}^{-1}[F(s)]$ の最終値を求めよ.

2. $F(s) = \dfrac{1}{s(s-2)^3}$ において, $f(t) = \mathcal{L}^{-1}[F(s)]$ の初期値を求めよ.

3. $F(s) = \dfrac{s+1}{(s+2)(s+3)}$ において, $f(t) = \mathcal{L}^{-1}[F(s)]$ の初期値を求めよ.

1・5 ラプラス逆変換　　　17

[略解]　1.　$\left.\dfrac{(s+6)s}{s(s+1)(s+2)}\right|_{s=0}=\dfrac{6}{2}=3$

2.　$\left.\dfrac{s}{s(s-2)^3}\right|_{s=\infty}=0$

3.　$\left.\dfrac{(s+1)s}{(s+2)(s+3)}\right|_{s=\infty}=1$

1・5　ラプラス逆変換

像関数 $F(s)$ が与えられて原関数 $f(t)$ を求めるのが**ラプラス逆変換**である．二つの関数 $f_1(t)$, $f_2(t)$ のラプラス変換が等しいとき，$f_1(t)$ と $f_2(t)$ は一致するので，ラプラス逆変換は一義的に定まる．これまでに，簡単な形をした $F(s)$ についてはなんなく逆変換してきた．たとえば，像関数 $F(s)$ が

$$F(s)=\dfrac{1}{s-a}$$

であるとき，$F(s)$ の原関数 $f(t)$ は，$f(t) \Leftrightarrow F(s)$ の変換表により

$$\left(\text{公式}f(t)=\mathcal{L}^{-1}[F(s)]=\dfrac{1}{2\pi j}\int_{c-j\infty}^{c+j\infty}F(s)e^{st}ds\text{ を使うことなく}\right)$$

$$f(t)=e^{at}$$

となるなど．しかし，このような簡単な形の関数は少なく，一般に $F(s)$ は次のような分数形で表される．

$$F(s)=\dfrac{P(s)}{Q(s)}$$

ただし，$Q(s)$ は $P(s)$ より高次である．以下，このような形の $F(s)$ のラプラス逆変換を例題を通して説明する．

（1）　**ヘビサイドの展開定理その1（単根のみの場合）**

$$F(s)=\dfrac{P(s)}{Q(s)}$$

において，分母 $Q(s)=0$ の根が単根のみの場合を考える．たとえば，

【**例題 1-1**】　$F(s)$ の分母 $Q(s)$ が s について3次の

$$F(s)=\dfrac{s+6}{s(s+1)(s+2)}$$

をラプラス逆変換せよ．

[**解**]　$F(s)=\dfrac{s+6}{s(s+1)(s+2)}=\dfrac{A_1}{s}+\dfrac{A_2}{s+1}+\dfrac{A_3}{s+2}$

18　　　　　　　　　　第1章　ラプラス変換

上式のように原式を部分分数でおきかえる．この分子の係数 A_1, A_2, A_3 が求められれば，原関数 $f(t)$ は

$$f(t) = \mathcal{L}^{-1}[F(s)] = A_1 + A_2 e^{-t} + A_3 e^{-2t}$$

となる．これらの係数 A_1, A_2, A_3 は以下のようにして求められる．

A_1 の求め方

部分分数に変換された原式の両辺に s を掛け $s = 0$ とおく．

$$\left. \left| \frac{s(s+6)}{s(s+1)(s+2)} \right| \right|_{s=0} = \left. \left| A_1 + \frac{A_2}{s+1}s + \frac{A_3}{s+2}s \right| \right|_{s=0}$$

左辺の分子，分母の s は約分され，

$$\left. \left| \frac{(s+6)}{(s+1)(s+2)} \right| \right|_{s=0} = \frac{6}{2} = 3$$

右辺は A_1 のみが残る．よって，

$$A_1 = 3$$

となる．

A_2 の求め方

部分分数に変換された原式の両辺に $(s+1)$ を掛け $s = -1$ とおく．

$$\left. \left| \frac{(s+1)(s+6)}{s(s+1)(s+2)} \right| \right|_{s=-1} = \left. \left| \frac{A_1}{s}(s+1) + A_2 + \frac{A_3}{s+2}(s+1) \right| \right|_{s=-1}$$

左辺の分子，分母の $(s+1)$ は約分され，

$$\left. \left| \frac{(s+6)}{s(s+2)} \right| \right|_{s=-1} = \frac{5}{-1} = -5$$

右辺は A_2 のみが残る．よって，

$$A_2 = -5$$

となる．

A_3 の求め方

部分分数に変換された原式の両辺に $(s+2)$ を掛け $s = -2$ とおく．

$$\left. \left| \frac{(s+2)(s+6)}{s(s+1)(s+2)} \right| \right|_{s=-2} = \left. \left| \frac{A_1}{s}(s+2) + \frac{A_2}{s+1}(s+2) + A_3 \right| \right|_{s=-2}$$

左辺の分子，分母の $(s+2)$ は約分され，

$$\left. \left| \frac{(s+6)}{s(s+1)} \right| \right|_{s=-2} = \frac{4}{2} = 2$$

右辺は A_3 のみが残る．よって，

$$A_3 = 2$$

となる．係数 A_1, A_2, A_3 がすべて求められたので，

$$f(t) = \mathcal{L}^{-1}[F(s)] = 3 - 5e^{-t} + 2e^{-2t}$$

が得られる．

1・5　ラプラス逆変換

以上（単根のみの場合）の手順を一般化すると次のようになる.

$$F(s) = \frac{P(s)}{Q(s)} = \frac{A_1}{s-a_1} + \frac{A_2}{s-a_2} + \frac{A_3}{s-a_3} + \cdots + \frac{A_n}{s-a_n}$$

$$A_r = \left| \frac{P(s)}{Q(s)}(s-a_r) \right|_{s=a_r} \qquad (1 \leq r \leq n)$$

$$F(s) = \sum_{r=1}^{n} \left| \frac{P(s)}{Q(s)}(s-a_r) \right|_{s=a_r} \left(\frac{1}{s-a_r} \right)$$

$$f(t) = \sum_{r=1}^{n} \left| \frac{P(s)}{Q(s)}(s-a_r) \right|_{s=a_r} e^{a_r t}$$

この式はヘビサイドの展開定理である.

（2）　ヘビサイドの展開定理その2（*n*重根を持つ場合）

$$F(s) = \frac{P(s)}{Q(s)}$$

において，分母$Q(s)=0$の根が，たとえば3重根のときを考える.

【例題1-2】　$F(s)$の分母$Q(s)$がsについて4次の

$$F(s) = \frac{1}{s(s-2)^3}$$

をラプラス逆変換せよ.

［解］　$F(s) = \dfrac{1}{s(s-2)^3} = \dfrac{A_1}{(s-2)^3} + \dfrac{A_2}{(s-2)^2} + \dfrac{A_3}{s-2} + \dfrac{B}{s}$

上式のように原式を部分分数でおきかえる. この分子の係数A_1, A_2, A_3, Bは次のようにして求められる. まず，部分分数に変換された原式の両辺に$(s-2)^3$を掛け，次のように変形する.

$$(s-2)^3 F(s) = \frac{1}{s} = A_1 + (s-2)A_2 + (s-2)^2 A_3 + (s-2)^3 \frac{B}{s}$$

A_1の求め方

上式のように変形された原式の右辺はA_1を除いてすべて$(s-2)$の項を含むので，$s=2$とおくと，右辺はA_1のみが残る. 左辺は$s=2$より，

$$\left| (s-2)^3 F(s) \right|_{s=2} = \left| \frac{1}{s} \right|_{s=2} = \frac{1}{2}$$

左辺$\dfrac{1}{2}$＝右辺A_1より，

$$A_1 = \frac{1}{2}$$

A_2の求め方

変形された原式の両辺をsで1階微分すると，右辺はA_2を除いてすべて$(s-2)$

20　第1章　ラプラス変換

の項を含むので，$s=2$ とおくと，右辺は A_2 のみが残る．左辺は $s=2$ より，

$$\left|\frac{d}{ds}\frac{1}{s}\right|_{s=2}=\left.-\frac{1}{s^2}\right|_{s=2}=-\frac{1}{4}$$

左辺 $-\dfrac{1}{4}=$ 右辺 A_2 より，

$$A_2=-\frac{1}{4}$$

A_3 の求め方

変形された原式の両辺を s で2階微分すると，右辺は $2A_3$ を除いて残りは $(s-2)$ の項を含むので，$s=2$ とおくと，$2A_3$ のみが残る．左辺は $s=2$ より，

$$\left|\frac{d^2}{ds^2}\frac{1}{s}\right|_{s=2}=\left.\left|\frac{2}{s^3}\right|\right._{s=2}=\frac{1}{4}$$

左辺 $\dfrac{1}{4}=$ 右辺 $2A_3$ より，

$$A_3=\frac{1}{8}$$

B の求め方

$$|sF(s)|_{s=0}=\left|\frac{1}{(s-2)^3}\right|_{s=0}=-\frac{1}{8}=B$$

係数 A_1, A_2, A_3, B がすべて求められたので，

$$f(t)=\mathcal{L}^{-1}[F(s)]=\frac{1}{4}t^2e^{2t}-\frac{1}{4}te^{2t}+\frac{1}{8}e^{2t}-\frac{1}{8}$$

が得られる．

以上（**n 重根 $s=a$ を持つ場合**）の手順を一般化すると次のようになる．

$$F(s)=\frac{P(s)}{Q(s)}=\frac{A_1}{(s-a)^n}+\frac{A_2}{(s-a)^{n-1}}+\frac{A_3}{(s-a)^{n-2}}+\cdots+\frac{A_n}{s-a}+\frac{B}{s-b}$$

$$A_r=\frac{1}{(r-1)!}\left|\frac{d^{r-1}}{ds^{r-1}}(s-a)^nF(s)\right|_{s=a}\qquad(1\leq r\leq n)$$

$$\mathcal{L}^{-1}\left[\frac{1}{(s-a)^k}\right]=\frac{t^{k-1}}{(k-1)!}e^{at}\qquad(k=n-r+1 \text{ とおくと})$$

$$f(t)=\sum_{r=1}^{n}A_r\frac{t^{n-r}}{(n-r)!}e^{at}+Be^{bt}$$

$$=\sum_{r=1}^{n}\left[\frac{1}{(r-1)!}\left|\frac{d^{r-1}}{ds^{r-1}}(s-a)^nF(s)\right|_{s=a}\frac{t^{n-r}}{(n-r)!}\right]e^{at}+Be^{bt}$$

【問題 1・12】 次の関数をラプラス逆変換せよ．

1. $F(s)=\dfrac{s+1}{(s+2)(s+3)}$

2. $F(s)=\dfrac{1}{s^2(s+2)^2}$

3. $F(s) = \dfrac{s+5}{s^2+2s+17}$

4. $F(s) = \dfrac{1}{s} - \dfrac{1}{(s+3)} e^{-s}$

[略解]

1. $F(s) = \dfrac{s+1}{(s+2)(s+3)} = \dfrac{A}{s+2} + \dfrac{B}{s+3}$

 両辺に $(s+2)$ を掛け $s=-2$ とおくと $A=-1$ が求まる.

 両辺に $(s+3)$ を掛け $s=-3$ とおくと $B=2$ が求まる.

$$f(t) = \mathcal{L}^{-1}[F(s)] = -e^{-2t} + 2e^{-3t}$$

2. $F(s) = \dfrac{1}{s^2(s+2)^2} = \dfrac{A_1}{s} + \dfrac{A_2}{s^2} + \dfrac{B_1}{s+2} + \dfrac{B_2}{(s+2)^2}$

 A_2 を求めるには両辺に s^2 を掛け $s=0$ とおく.

 B_2 を求めるには両辺に $(s+2)^2$ を掛け $s=-2$ とおく.

 A_1 を求めるには両辺に s^2 を掛け, 両辺を微分し $s=0$ とおく.

 B_1 を求めるには両辺に $(s+2)^2$ を掛け, 両辺を微分し $s=-2$ とおく.

$$f(t) = \mathcal{L}^{-1}[F(s)] = -\frac{1}{4} + \frac{1}{4}t + \frac{1}{4}e^{-2t} + \frac{1}{4}te^{-2t}$$

3. $F(s) = \dfrac{s+5}{s^2+2s+17} = \dfrac{s+1+4}{(s+1)^2+4^2} = \dfrac{s+1}{(s+1)^2+4^2} + \dfrac{4}{(s+1)^2+4^2}$

 右辺第1項は cos, 第2項は sin の関数である.

$$\begin{aligned} f(t) = \mathcal{L}^{-1}[F(s)] &= e^{-t}\cos 4t + e^{-t}\sin 4t \\ &= \sqrt{2}e^{-t}\left(\frac{1}{\sqrt{2}}\cos 4t + \frac{1}{\sqrt{2}}\sin 4t\right) = \sqrt{2}e^{-t}\sin\left(4t+\frac{\pi}{4}\right) \end{aligned}$$

4. $F(s) = \dfrac{1}{s} - \dfrac{1}{(s+3)} e^{-s}$ の第2項は時間 $t \geq 1$ に発生するもので, $t<1$ の時間には存在しない.

$$f(t) = \mathcal{L}^{-1}[F(s)] = u(t) = 1 \qquad (0 \leq t < 1)$$

$$f(t) = \mathcal{L}^{-1}[F(s)] = u(t) - e^{-3(t-1)} = 1 - e^{-3(t-1)} \qquad (t \geq 1)$$

1・6　微分・積分方程式への応用

これまでに, 各種関数のラプラス変換, ラプラス変換の性質と公式, ラプラス逆変換などについて学んできた. ここでは, これらの知識を使って, 微分・積分方程式を解くことにする.

（1）　定数係数の1階微分方程式

22   第1章　ラプラス変換

【例題 1-3】 次の1階微分方程式の解を求めよ.

$$2y' + 3y = 5u(t) \qquad 初期条件 \quad y(0) = 0$$

［解］　$u(t)$ のラプラス変換と $y(t)$ の微分のラプラス変換は, $\mathcal{L}[y(t)] = Y(s)$ として,

$$\mathcal{L}[u(t)] = \frac{1}{s}$$

$$\mathcal{L}[y'(t)] = sY(s) - y(0) = sY(s)$$

であるから, 微分方程式の両辺をラプラス変換すると, 原関数の微分方程式が像関数の代数方程式に変換される.

$$2sY(s) + 3Y(s) = \frac{5}{s}$$

像関数の解は

$$Y(s) = \frac{5}{s}\frac{1}{2s+3} = \frac{5}{2}\frac{1}{s\left(s+\frac{3}{2}\right)} = \frac{5}{3}\left(\frac{1}{s} - \frac{1}{s+\frac{3}{2}}\right)$$

となり, この解を原関数に変換 (ラプラス逆変換) すると $y(t)$ が得られる.

$$y(t) = \mathcal{L}^{-1}[Y(s)] = \frac{5}{3}(1 - e^{-\frac{3}{2}t})$$

　次に微分方程式の右辺がある関数 $f(t)$ で与えられたとする.

上の**【例題 1-3】**を使うことにして, 左辺はそのままにし, 右辺の $5u(t)$ をある関数 $f(t)$ でおきかえる.

　【例題 1-4】 次の微分方程式の解を求めよ.

$$2y' + 3y = f(t) \qquad 初期条件 \quad y(0) = 0$$

［解］　$\mathcal{L}[f(t)] = F(s)$ として, 微分方程式の両辺をラプラス変換すると,

$$2sY(s) + 3Y(s) = F(s)$$

$$Y(s) = \frac{1}{2}\frac{1}{s+\frac{3}{2}}F(s)$$

$Y(s)$ が求まる. この $Y(s)$ を原関数に変換 (ラプラス逆変換) するには, 畳み込み積分の公式

$$f_1(t) * f_2(t) = \mathcal{L}^{-1}[F_1(s)F_2(s)]$$

を使えばよい.

$$y(t) = \mathcal{L}^{-1}[Y(s)] = \mathcal{L}^{-1}\left[\frac{1}{2}\frac{1}{s+\frac{3}{2}}F(s)\right] = \int_0^t \frac{1}{2}e^{-\frac{3}{2}(t-\tau)}f(\tau)d\tau$$

関数 $f(t)$ が具体的に与えられれば, 上の積分から $y(t)$ が求められることになる.

たとえば，$f(t) = 5u(t)$ とおけば，

$$y(t) = \int_0^t \frac{5}{2} e^{-\frac{3}{2}(t-\tau)} u(\tau) d\tau = \frac{5}{3} \left| e^{-\frac{3}{2}(t-\tau)} \right|_0^t = \frac{5}{3}(1 - e^{-\frac{3}{2}t})$$

前述の解と同じ解が得られる．

【問題 1・13】　次の微分方程式の解を求めよ．

1. $y' + y = e^t$ 　　　初期条件 $y(0) = 1$
2. $y' + y = \delta(t)$ 　　　初期条件 $y(0) = 0$
3. $y' + y = u(t)$ 　　　初期条件 $y(0) = 0$
4. $y' + y = t$ 　　　初期条件 $y(0) = 0$

［略解］

1. $\mathcal{L}[y'(t)] = sY(s) - y(0) = sY(s) - 1$

$$sY(s) + Y(s) = 1 + \frac{1}{s-1} = \frac{s}{s-1}$$

$$Y(s) = \frac{1}{s+1} \frac{s}{s-1} = \frac{1}{2}\left(\frac{1}{s-1} + \frac{1}{s+1}\right)$$

$$y(t) = \frac{1}{2}(e^t + e^{-t})$$

2. $sY(s) + Y(s) = 1$

$$Y(s) = \frac{1}{s+1}$$

$$y(t) = e^{-t}$$

3. $sY(s) + Y(s) = \frac{1}{s}$

$$Y(s) = \frac{1}{s} \frac{1}{s+1} = \left(\frac{1}{s} - \frac{1}{s+1}\right)$$

$$y(t) = 1 - e^{-t}$$

4. $sY(s) + Y(s) = \frac{1}{s^2}$

$$Y(s) = \frac{1}{s^2} \frac{1}{s+1} = \frac{1}{s^2} - \frac{1}{s} + \frac{1}{s+1}$$

$$y(t) = t - (1 - e^{-t})$$

（2）　定数係数の2階微分方程式

次の2階斉次型微分方程式（微分方程式の右辺＝0）を考える．

【例題 1-5】　次の微分方程式の解を求めよ．

$$y'' + \omega^2 y = 0 \qquad 初期条件 \quad y(0) = A, \ y'(0) = B$$

ただし，ω は定数である．

24 　　　　　　　　　第1章　ラプラス変換

[解]　$y(t)$ の微分のラプラス変換は

$$\mathcal{L}[y''(t)] = s^2 Y(s) - sy(0) - y'(0) = s^2 Y(s) - As - B$$

であるから，微分方程式の両辺をラプラス変換すると，

$$s^2 Y(s) - As - B + \omega^2 Y(s) = 0$$

$$Y(s) = \frac{As}{s^2 + \omega^2} + \frac{1}{\omega} \frac{\omega B}{s^2 + \omega^2}$$

となる．この $Y(s)$ をラプラス逆変換すると解が得られる．

$$y(t) = A \cos \omega t + B \frac{1}{\omega} \sin \omega t$$

次に，**2階非斉次型微分方程式**（微分方程式の右辺 $\neq 0$）を考える．

【例題1-6】　次の微分方程式の解を求めよ．

$$y'' + 2y' = e^{-t} \qquad 初期条件 \quad y(0) = 0, \ y'(0) = 0$$

[解]　e^{-t} のラプラス変換は

$$\mathcal{L}[e^{-t}] = \frac{1}{s+1}$$

$y(t)$ の微分のラプラス変換は

$$\mathcal{L}[y'(t)] = sY(s) - y(0) = sY(s)$$

$$\mathcal{L}[y''(t)] = s^2 Y(s) - sy(0) - y'(0) = s^2 Y(s)$$

であるから，微分方程式の両辺をラプラス変換すると，

$$s^2 Y(s) + 2sY(s) = \frac{1}{s+1}$$

$$Y(s) = \frac{1}{s} \frac{1}{s+2} \frac{1}{s+1} = \frac{1}{2} \frac{1}{s} + \frac{1}{2} \frac{1}{s+2} - \frac{1}{s+1}$$

となり，この $Y(s)$ をラプラス逆変換して，

$$y(t) = \frac{1}{2} + \frac{1}{2} e^{-2t} - e^{-t}$$

解が得られる．

【問題1・14】　次の微分方程式の解を求めよ．

1.　$y'' + y' + y = 0$ 　　　　　　初期条件 $y(0) = 1, \ y'(0) = 1$

2.　$y'' + 4y' + 20y = \delta(t)$ 　　　初期条件 $y(0) = 1, \ y'(0) = 1$

3.　$y'' + 3y' + y = \delta(t)$ 　　　初期条件 $y(0) = 0, \ y'(0) = 0$

4.　$y'' + 2y = e^{-t}$ 　　　　　　初期条件 $y(0) = 0, \ y'(0) = 0$

[略解]

1.　$s^2 Y(s) - sy(0) - y'(0) + sY(s) - y(0) + Y(s)$

　　　$= s^2 Y(s) - s - 1 + sY(s) - 1 + Y(s) = 0$

1・6 微分・積分方程式への応用   25

$$s^2 Y(s) + (s+1)Y(s) = (s+2)$$

$$Y(s) = \frac{s+2}{s^2+s+1} = \frac{s+\frac{1}{2}+\frac{3}{2}}{\left(s+\frac{1}{2}\right)^2+\left(\frac{\sqrt{3}}{2}\right)^2} = \frac{s+\frac{1}{2}}{\left(s+\frac{1}{2}\right)^2+\left(\frac{\sqrt{3}}{2}\right)^2} + \frac{2}{\sqrt{3}}\frac{\frac{3}{2}\frac{\sqrt{3}}{2}}{\left(s+\frac{1}{2}\right)^2+\left(\frac{\sqrt{3}}{2}\right)^2}$$

$$= \frac{s+\frac{1}{2}}{\left(s+\frac{1}{2}\right)^2+\left(\frac{\sqrt{3}}{2}\right)^2} + \sqrt{3}\frac{\frac{\sqrt{3}}{2}}{\left(s+\frac{1}{2}\right)^2+\left(\frac{\sqrt{3}}{2}\right)^2}$$

$$y(t) = e^{-\frac{1}{2}t}\left(\cos\frac{\sqrt{3}}{2}t + \sqrt{3}\sin\frac{\sqrt{3}}{2}t\right) = e^{-\frac{1}{2}t}2\left(\frac{1}{2}\cos\frac{\sqrt{3}}{2}t + \frac{1}{2}\sqrt{3}\sin\frac{\sqrt{3}}{2}t\right)$$

$$y(t) = 2e^{-\frac{1}{2}t}\sin\left(\frac{\sqrt{3}}{2}t + \frac{\pi}{6}\right)$$

2. $s^2 Y(s) - sy(0) - y'(0) + 4sY(s) - 4y(0) + 20Y(s)$

$\quad = s^2 Y(s) - s - 1 + 4sY(s) - 4 + 20Y(s) = L[\delta(t)] = 1$

$\quad s^2 Y(s) + 4sY(s) + 20Y(s) = s + 6$

$\quad Y(s) = \dfrac{s+6}{s^2+4s+20} = \dfrac{s+2}{(s+2)^2+4^2} + \dfrac{4}{(s+2)^2+4^2}$

$\quad y(t) = e^{-2t}(\cos 4t + \sin 4t) = \sqrt{2}e^{-2t}\sin\left(4t + \dfrac{\pi}{4}\right)$

3. $s^2 Y(s) - sy(0) - y'(0) + 3sY(s) - 3y(0) + Y(s)$

$\quad = s^2 Y(s) + 3sY(s) + Y(s) = L[\delta(t)] = 1$

$\quad = s^2 Y(s) + 3sY(s) + Y(s) = 1$

$\quad Y(s) = \dfrac{1}{s^2+3s+1} = \dfrac{1}{\sqrt{5}}\dfrac{1}{s-a} - \dfrac{1}{\sqrt{5}}\dfrac{1}{s-b}$ ただし, $a = \dfrac{-3+\sqrt{5}}{2}$, $b = \dfrac{-3-\sqrt{5}}{2}$

$\quad y(t) = \dfrac{1}{\sqrt{5}}e^{-\frac{3}{2}t}\left(e^{\frac{\sqrt{5}}{2}t} - e^{-\frac{\sqrt{5}}{2}t}\right)$

$\quad y(t) = \dfrac{2}{\sqrt{5}}e^{-\frac{3}{2}t}\sinh\dfrac{\sqrt{5}}{2}t$

4. $s^2 Y(s) - sy(0) - y'(0) + 2Y(s) = s^2 Y(s) + 2Y(s) = L[e^{-t}] = \dfrac{1}{s+1}$

$\quad Y(s) = \dfrac{1}{s+1}\dfrac{1}{s^2+2} = \dfrac{1}{3}\dfrac{1}{s+1} - \dfrac{1}{3}\dfrac{s}{s^2+2} + \dfrac{1}{3\sqrt{2}}\dfrac{\sqrt{2}}{s^2+2}$

$\quad y(t) = \dfrac{1}{3}e^{-t} - \dfrac{1}{3}\cos\sqrt{2}t + \dfrac{1}{3\sqrt{2}}\sin\sqrt{2}t$

26   第1章　ラプラス変換

（3）　**積分方程式**

　これまで，微分方程式の解き方について学んできたが，積分方程式はどのようにして解けばよいか．次の例題を見てみる．また，この例題を通して，積分方程式は微分方程式におきかえて解くことができることを示す．

【**例題 1−7**】　次の積分方程式の解を求めよ．

$$\frac{1}{2}\int y\,dt + 3y = 5u(t) \qquad 初期条件 \quad \int y\,dt \Big|_{t=0} = 0$$

［解］　積分のラプラス変換

$$\mathcal{L}\left[\int y\,dt\right] = \frac{1}{s}Y(s) + \frac{1}{s}\int y\,dt\Big|_{t=0}$$

と $u(t)$ のラプラス変換

$$\mathcal{L}[u(t)] = \frac{1}{s}$$

より，積分方程式の両辺をラプラス変換すると，

$$\frac{1}{s}\frac{1}{2}Y(s) + \frac{1}{s}\frac{1}{2}\int y\,dt\Big|_{t=0} + 3Y(s) = \frac{1}{s}\frac{1}{2}Y(s) + 3Y(s) = \frac{5}{s}$$

$$\frac{1}{2}Y(s) + 3sY(s) = 5$$

$$Y(s) = \frac{5}{3s + \frac{1}{2}} = \frac{5}{3}\frac{1}{s + \frac{1}{6}}$$

となり，$Y(s)$ をラプラス逆変換して，

$$y(t) = \mathcal{L}^{-1}[Y(s)] = \frac{5}{3}e^{-\frac{1}{6}t}$$

解が得られる．

　次に，この【**例題 1−7**】を使って，積分方程式が微分方程式におきかえられることを示す．

【**例題 1−8**】　次の積分方程式を微分方程式に変換して同じ解が得られることを示せ．

$$\frac{1}{2}\int y\,dt + 3y = 5u(t) \qquad 初期条件 \quad \int y\,dt \Big|_{t=0} = 0$$

［解］　まず，この積分方程式の両辺を微分する．

$$\frac{d}{dt}\left\{\frac{1}{2}\int y\,dt + 3y\right\} = \frac{d}{dt}\{5u(t)\}$$

この微分によって，次の微分方程式

$$3y' + \frac{1}{2}y = 0$$

が得られる．次に，この微分方程式の初期条件を求める．積分方程式の初期条件が

$$\left.\int y\,dt\right|_{t=0} = 0$$

であることから，積分方程式で $t = 0$ のとき，

$$\frac{1}{2}\left.\int y\,dt\right|_{t=0} + 3y(0) = 5u(0)$$

$$0 + 3y(0) = 5$$

より，次の初期条件が得られる．

$$y(0) = \frac{5}{3}$$

あらためて，【例題 1-7】と等価な微分方程式を示すと次のようになる．

$$3y' + \frac{1}{2}y = 0 \qquad 初期条件 \quad y(0) = \frac{5}{3}$$

この微分方程式を解いて，【例題 1-7】の積分方程式と同じ解が得られるか見てみる．両辺をラプラス変換して，

$$3sY(s) - 3y(0) + \frac{1}{2}Y(s) = 3sY(s) - 3\frac{5}{3} + \frac{1}{2}Y(s) = 0$$

$$3sY(s) + \frac{1}{2}Y(s) = 5$$

$$Y(s) = \frac{5}{3s + \frac{1}{2}} = \frac{5}{3}\frac{1}{s + \frac{1}{6}}$$

$Y(s)$ をラプラス逆変換すると，

$$y(t) = \mathcal{L}^{-1}[Y(s)] = \frac{5}{3}e^{-\frac{1}{6}t}$$

積分方程式と同じ解が得られた．

【問題 1・15】 次の微積分方程式を微分方程式に変換して解き，同じ解が得られることを示せ．

1. $ay' + by + c\displaystyle\int y\,dt = f(t)$ 　　　初期条件 　　　$y(0) = 0,\ \left.\displaystyle\int y\,dt\right|_{t=0} = 0$

ただし，a, b, c は定数である．

[**略解**] まず，原式をラプラス変換して解 $y(t)$ を求める．
両辺をラプラス変換すると，

$$asY(s) - y(0) + bY(s) + c\frac{1}{s}Y(s) + c\frac{1}{s}\left.\int y\,dt\right|_{t=0} = F(s)$$

$$asY(s)+bY(s)+c\frac{1}{s}Y(s)=F(s)$$

$$as^2Y(s)+bsY(s)+cY(s)=sF(s)$$

$$Y(s)=\frac{sF(s)}{as^2+bs+c}$$

$$y(t)=\mathcal{L}^{-1}[Y(s)]=\mathcal{L}^{-1}\left[\frac{sF(s)}{as^2+bs+c}\right]$$

$f(t)$ が具体的に与えられれば, 上の式から解 $y(t)$ が得られる.

次に原式の両辺を微分すると,

$$\frac{d}{dt}\{ay'+by+c\int y\,dt\}=\frac{d}{dt}\{f(t)\}$$

2階微分方程式

$$ay''+by'+cy=f'(t) \qquad 初期条件 \quad y(0)=0,\ y'(0)=\frac{1}{a}f(0)$$

が得られる.

[初期条件 $y'(0)=\dfrac{1}{a}f(0)$ は次のようにして求められる.

原式で $t=0$ のとき,

$$ay'(0)+by(0)+c\int y\,dt\bigg|_{t=0}=f(0)$$

$$ay'(0)+0+0=f(0)$$

より,

$$y'(0)=\frac{1}{a}f(0)$$

初期値 $y'(0)$ が求まる]

微分方程式の両辺をラプラス変換すると,

$$as^2Y(s)-asy(0)-ay'(0)+bsY(s)-by(0)+cY(s)=sF(s)-f(0)$$

$$as^2Y(s)-0-f(0)+bsY(s)-0+cY(s)=sF(s)-f(0)$$

$$as^2Y(s)+bsY(s)+cY(s)=sF(s)$$

$$Y(s)=\frac{sF(s)}{as^2+bs+c}$$

$$y(t)=\mathcal{L}^{-1}[Y(s)]=\mathcal{L}^{-1}\left[\frac{sF(s)}{as^2+bs+c}\right]$$

原式と同じ解が得られた. このように, 微積分方程式を微分方程式に変換して解いても同じ解が得られることがわかる.

練 習 問 題 1

1・1 次の波形をラプラス変換せよ．
（1） 周期 $2T$ の方形波列 $f(t)$（図 **1・12**）

$$f_1(t) = A \ (0 \leq t < T)$$
$$f_1(t) = 0 \ (T \leq t)$$
$$f(t) = f_1(t) + f_1(t-2T) + f_1(t-4T) + f_1(t-6T) + \cdots$$

（2） 周期 $2T$ の**半波整流波形** $f(t)$（図 **1・13**）

$$f_1(t) = A \sin \omega t \ (0 \leq t < T) \qquad \text{ただし,} \ T = \frac{\pi}{\omega}$$
$$f_1(t) = 0 \ (T \leq t)$$
$$f(t) = f_1(t) + f_1(t-2T) + f_1(t-4T) + f_1(t-6T) + \cdots$$

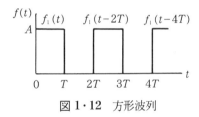
図 **1・12** 方形波列

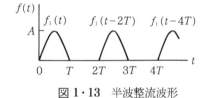
図 **1・13** 半波整流波形

［**解**］（1） 方形波のラプラス変換は

$$F_1(s) = A \frac{1}{s}(1-e^{-Ts})$$

周期関数 $f(t)$ のラプラス変換は

$$F(s) = \frac{F_1(s)}{1-e^{-2Ts}} = \frac{1}{1-e^{-2Ts}} A \frac{1}{s}(1-e^{-Ts}) = A \frac{1-e^{-Ts}}{1-e^{-2Ts}} \frac{1}{s} = \frac{A}{s} \frac{1-e^{-Ts}}{(1-e^{-Ts})(1+e^{-Ts})}$$
$$= \frac{A}{s(1+e^{-Ts})}$$

（2） $f_1(t)$ のラプラス変換は

$f_1(t)$ は $A \sin \omega t$ と $Au(t-T) \sin \omega(t-T)$ の和で表せるので，

$$F_1(s) = A \int_0^T e^{-st} \sin \omega t \, dt = A \frac{\omega}{s^2 + \omega^2}(1 + e^{-Ts})$$

周期関数 $f(t)$ のラプラス変換は

$$F(s) = \frac{F_1(s)}{1-e^{-2Ts}} = A \frac{1}{1-e^{-2Ts}} \frac{\omega}{s^2+\omega^2}(1+e^{-Ts}) = A \frac{\omega}{s^2+\omega^2} \frac{1}{1-e^{-Ts}}$$

30   第1章　ラプラス変換

1・2　次の関数をラプラス逆変換せよ.

（1）　$F(s) = \dfrac{(s-1)(s+3)}{s(s^2-s-6)}$　　　　（2）　$F(s) = \dfrac{1}{(s-2)(s+j)(s-j)}$

（3）　$F(s) = \dfrac{1}{2}\dfrac{s}{s^2+4}e^{-as}$

[**解**]　（1）　$F(s) = \dfrac{(s-1)(s+3)}{s(s^2-s-6)} = \dfrac{1}{2s} + \dfrac{4}{5}\dfrac{1}{s-3} - \dfrac{3}{10}\dfrac{1}{s+2}$

$$f(t) = \dfrac{1}{2} + \dfrac{4}{5}e^{3t} - \dfrac{3}{10}e^{-2t}$$

（2）　$F(s) = \dfrac{1}{(s-2)(s+j)(s-j)} = \dfrac{1}{(s-2)(s^2+1)} = \dfrac{1}{5}\left(\dfrac{1}{s-2} - 2\dfrac{1}{s^2+1} - \dfrac{s}{s^2+1}\right)$

$$f(t) = \dfrac{1}{5}(e^{2t} - 2\sin t - \cos t)$$

（3）　$F(s) = \dfrac{1}{2}\dfrac{s}{s^2+4}e^{-as}$

$$f(t) = 0 \qquad\qquad (t<a)$$

$$f(t) = \dfrac{1}{2}\cos 2(t-a) \qquad (t \geq a)$$

1・3　次の微分・積分方程式を解け.

（1）　$y''(t) + 4y(t) = f(t)$　　　初期条件　$y(0) = 0,\ y'(0) = 0$

（2）　$y(t) - \displaystyle\int_0^t \sin(t-\tau)y(\tau)d\tau = \dfrac{1}{2}t^2$

（3）　$y''(t) - 5y'(t) + 6y(t) = e^t$　　　初期条件　$y(0) = 0,\ y'(0) = 0$

[**解**]　（1）　両辺をラプラス変換する.

$$s^2Y(s) - sy(0) - y'(0) + 4Y(s) = F(s)$$

$$s^2Y(s) + 4Y(s) = F(s)$$

$$Y(s) = \dfrac{1}{s^2+4}F(s) = \dfrac{1}{2}\dfrac{2}{s^2+2^2}F(s)$$

$$y(t) = \dfrac{1}{2}\sin 2t * f(t) = \dfrac{1}{2}\int_0^t \sin 2(t-\tau)f(\tau)d\tau$$

（2）　両辺をラプラス変換する.

$$Y(s) - \dfrac{1}{s^2+1}Y(s) = \dfrac{1}{s^3}$$

$$\dfrac{s^2}{s^2+1}Y(s) = \dfrac{1}{s^3}$$

$$Y(s) = \dfrac{1}{s^3}\dfrac{s^2+1}{s^2} = \dfrac{1}{s^3} + \dfrac{1}{s^5}$$

$$y(t) = \frac{1}{2}t^2 + \frac{1}{24}t^4$$

（3）両辺をラプラス変換する.

$$s^2Y(s) - sy(0) - y'(0) - 5sY(s) + 5y(0) + 6Y(s) = \frac{1}{s-1}$$

$$s^2Y(s) - 5sY(s) + 6Y(s) = \frac{1}{s-1}$$

$$Y(s) = \frac{1}{s-1}\frac{1}{s^2-5s+6} = \frac{1}{(s-1)(s-2)(s-3)} = \frac{1}{2}\left(\frac{1}{s-1} - 2\frac{1}{s-2} + \frac{1}{s-3}\right)$$

$$y(t) = \frac{1}{2}(e^t - 2e^{2t} + e^{3t})$$

1・4 直線上を運動している質量 m の質点が，直線上のある一点からの引力 $kx(t)$ とその速度に比例する抵抗力 $cx'(t)$ を受けている．この質点の運動方程式は次の式で与えられる.

$$mx''(t) = -kx(t) - cx'(t) \qquad (m, k, c \text{ は定数})$$

初期条件を $x(0) = 0$，$x'(0) = V_0$ として，この運動方程式を解け．ただし，$c^2 = 4mk$ の関係があるとする.

［解］両辺をラプラス変換する.

$$ms^2X(s) - msx(0) - mx'(0) = -kX(s) - csX(s) + cx(0)$$

$$ms^2X(s) - mV_0 = -kX(s) - csX(s)$$

$$ms^2X(s) + csX(s) + kX(s) = mV_0$$

$$X(s) = \frac{mV_0}{ms^2 + cs + k} = \frac{V_0}{\left(s + \dfrac{c}{2m}\right)^2}$$

$$x(t) = V_0 t e^{-\frac{c}{2m}t}$$

1・5 次の連立微分方程式を解け.

$$x''(t) - 3y'(t) = 0$$

$$x'(t) + 2y''(t) = 1$$

初期条件 $y(0) = 0$，$y'(0) = 0$，$x(0) = 0$，$x'(0) = 0$

［解］両辺をラプラス変換する.

$$s^2X(s) - 3sY(s) = 0$$

$$sX(s) + 2s^2Y(s) = \frac{1}{s}$$

$$X(s) = \frac{3}{s^2(2s^2 + 3)} = \frac{1}{s^2} - \frac{1}{s^2 + \dfrac{3}{2}}$$

$$Y(s) = \frac{s}{3} X(s) = \frac{1}{3} \left(\frac{1}{s} - \frac{s}{s^2 + \dfrac{3}{2}} \right)$$

$$x(t) = t - \sqrt{\frac{2}{3}} \sin \sqrt{\frac{3}{2}} t$$

$$y(t) = \frac{1}{3} \left(1 - \cos \sqrt{\frac{3}{2}} t \right)$$

ラプラス変換表

番号	$f(t)$	$F(s)$
1	$\delta(t)$	1
2	$u(t)=1$ $u(t-a)\quad(a\geq0)$	$\dfrac{1}{s}$ $\dfrac{1}{s}e^{-as}$
3	t t^2 t^n	$\dfrac{1}{s^2}$ $\dfrac{2}{s^3}$ $n!\dfrac{1}{s^{n+1}}$
4	$e^{\pm at}$ $te^{\pm at}$ $t^ne^{\pm at}$	$\dfrac{1}{s\mp a}$ $\dfrac{1}{(s\mp a)^2}$ $\dfrac{n!}{(s\mp a)^{n+1}}$
5	$f(t)=0\quad(t<0,\ t\geq T)$ $f(t)=a\quad(0\leq t<T)$	$\dfrac{a}{s}(1-e^{-Ts})$
6	$\sin\omega t$ $\sin(\omega t\pm\theta)$	$\dfrac{\omega}{s^2+\omega^2}$ $\dfrac{\omega\cos\theta\pm s\cdot\sin\theta}{s^2+\omega^2}$
7	$\cos\omega t$ $\cos(\omega t\pm\theta)$	$\dfrac{s}{s^2+\omega^2}$ $\dfrac{s\cdot\cos\theta\mp\omega\sin\theta}{s^2+\omega^2}$

8	$e^{at}\sin\omega t$	$\dfrac{\omega}{(s-a)^2+\omega^2}$
9	$e^{at}\cos\omega t$	$\dfrac{s-a}{(s-a)^2+\omega^2}$
10	$t\cdot\sin\omega t$	$\dfrac{2\omega s}{(s^2+\omega^2)^2}$
11	$t\cdot\cos\omega t$	$\dfrac{s^2-\omega^2}{(s^2+\omega^2)^2}$
12	$\sinh\omega t$	$\dfrac{\omega}{s^2-\omega^2}$
13	$\cosh\omega t$	$\dfrac{s}{s^2-\omega^2}$
14	$e^{at}\sinh\omega t$	$\dfrac{\omega}{(s-a)^2-\omega^2}$
15	$e^{at}\cosh\omega t$	$\dfrac{s-a}{(s-a)^2-\omega^2}$

ラプラス変換の性質一覧表

番号	原 関 数	像 関 数
1	$f_1(t) \pm f_2(t)$ $af_1(t) \pm bf_2(t)$ (a, b は定数)	$F_1(s) \pm F_2(s)$ $aF_1(s) \pm bF_2(s)$
2	$f(at)$ $\dfrac{1}{a}f\left(\dfrac{t}{a}\right)$ ($a>0$)	$\dfrac{1}{a}F\left(\dfrac{s}{a}\right)$ $F(as)$
3	$f(t-a)u(t-a) \quad (a>0)$	$e^{-as}F(s)$
4	$e^{-at}f(t)$	$F(s+a)$
5	$f'(t)$ $f''(t)$ $f^{(n)}(t)$	$sF(s)-f(0)$ $s^2F(s)-sf(0)-f'(0)$ $s^nF(s)-s^{n-1}f(0)-s^{n-2}f'(0)$ $-\cdots-f^{(n-1)}(0)$
6	$\displaystyle\int f(t)\,dt$ $\displaystyle\int_0^t f(t)\,dt$	$\dfrac{1}{s}F(s)+\dfrac{1}{s}f^{(-1)}(0)$ $\dfrac{1}{s}F(s)$
7	$tf(t)$ $t^nf(t)$	$-F'(s)$ $(-1)^nF^{(n)}(s)$
8	$\dfrac{1}{t}f(t)$ $\dfrac{1}{t^n}f(t)$	$\displaystyle\int_s^\infty F(s)\,ds$ $\displaystyle\int_s^\infty\int_s^\infty\cdots\int_s^\infty F(s)\,ds^n$
9	$f(t)=g(t)+g(t-T)$ $+g(t-2T)+\cdots$	$F(s)=\dfrac{1}{1-e^{-sT}}G(s)$

10	$f_1(t) * f_2(t)$	$F_1(s)F_2(s)$
11	$\lim_{t \to \infty} f(t)$	$\lim_{s \to 0} sF(s) = \left.\dfrac{P(s)}{Q(s)}s\right|_{s=0}$
12	$\lim_{t \to 0} f(t)$	$\lim_{s \to \infty} sF(s)$
13	$f(t) = \sum_{r=1}^{n} |F(s)(s-a_r)|_{s=a_r} e^{a_r t}$	ヘビサイドの展開定理 ($F(s)$ の特性方程式の根が単根 $s = a_r (r=1,2,\cdots,n)$ のみの場合)
14	$f(t) = \sum_{r=1}^{n}\left[\dfrac{1}{(r-1)!}\left\|\dfrac{d^{r-1}}{dr^{r-1}}(s-a)^n F(s)\right\|_{s=a}\dfrac{t^{n-r}}{(n-r)!}\right]e^{at} + Be^{bt}$	ヘビサイドの展開定理 ($F(s)$ の特性方程式の根が n 重根 $s = a$ を含む場合)

第2章　フーリエ解析

フーリエ解析は，はじめは偏微分方程式の解を求める手法として考えられたが，そのために有用であるのはもちろん，現在では信号処理の理論的な裏付けとしての重要な役割も果たしている．ここで，信号とは音声や音楽，画像，映像，光，地震波など数値として逐次計測され記録される情報のことをいう．

本章では，まずフーリエ級数について取り上げる．フーリエ級数には，正弦（sin）級数と余弦（cos）級数があるが，それらを1つにまとめて複素数として表現するのが複素フーリエ級数である．周期関数をフーリエ級数で展開するのがフーリエ級数展開であり，それを非周期関数にも拡張したのがフーリエ変換である．フーリエ変換は，複素フーリエ級数の拡張として導かれる．この変換は信号処理の分野でよく用いられるので，ここでは計算を簡単に行うために使用する性質についても述べる．本書におけるフーリエ級数展開とフーリエ変換の記述の流れを図 2・1 に示す．

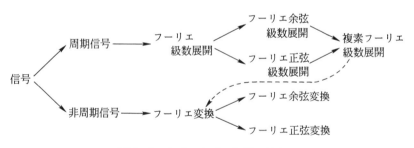

図 2・1　本章における記述の流れ

本章で取り扱うフーリエ級数やフーリエ変換により，信号を分析する手法のことを**フーリエ解析**と呼ぶ．

2・1　フーリエ級数とフーリエ係数

2・1・1　周期 2π の関数のフーリエ級数展開

関数 $f(t)$ が区間 $[-\pi, \pi]$ において区分的に連続で，周期 2π，すなわち $f(t) = f(t+2\pi)$ であるとき，$f(t)$ は次式のように三角関数を用いて展開することが

できる．

$$f(t) = \frac{a_0}{2} + \sum_{k=1}^{\infty}(a_k \cos kt + b_k \sin kt)$$

この展開式のことを**フーリエ級数展開**，右辺の級数を**フーリエ級数**という．この式の係数は次のようにして求めることができる．

$$a_k = \frac{1}{\pi}\int_{-\pi}^{\pi} f(t) \cos kt\, dt \quad (k=0, 1, 2, \cdots)$$

$$b_k = \frac{1}{\pi}\int_{-\pi}^{\pi} f(t) \sin kt\, dt \quad (k=1, 2, \cdots)$$

a_k, b_k のことを**フーリエ係数**と呼ぶ．

つまり，周期的な信号が与えられれば，**基本波**と呼ばれる波 $\cos t$ および $\sin t$ と，その整数倍の周波数の**第 k 高調波**と呼ばれる波 $\cos kt$ および $\sin kt$，さらに $\frac{a_0}{2}$ で表された一定値（**直流分**という）により展開され，それらの線形結合で表現することができる．その様子を図 **2・2** に示す．

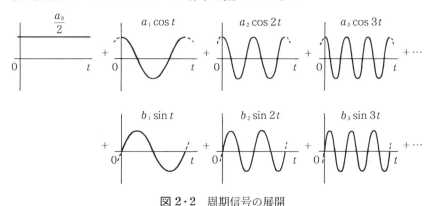

図 **2・2** 周期信号の展開

一般に，関数 $f(t)$ と $g(t)$ が区間 $[-\pi, \pi]$ で直交するとは，

$$\int_{-\pi}^{\pi} f(t)g(t)dt = 0$$

となる場合をいい，互いに直交する関数の組のことを**直交関数系**という．フーリエ級数展開式の右辺は，直交関数系 $[1, \cos t, \sin t, \cos 2t, \sin 2t, \cdots]$ で関数 $f(t)$ を展開することにほかな

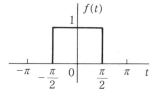

図 **2・3** 矩形波

らない．このような展開は**直交関数展開**と呼ばれる．

【例題 2-1】 次の周期 2π の矩形波（方形波）を表す関数（図 2・3）

$$f(t) = \begin{cases} 1 & \left(-\dfrac{\pi}{2} \leq t \leq \dfrac{\pi}{2}\right) \\ 0 & \left(-\pi \leq t < -\dfrac{\pi}{2},\ \dfrac{\pi}{2} < t \leq \pi\right) \end{cases},\ f(t+2\pi) = f(t)$$

をフーリエ級数に展開せよ．

［解］ フーリエ係数は次のようになる．

$$a_0 = \frac{1}{\pi}\int_{-\pi}^{\pi} f(t)dt = \frac{1}{\pi}\left(\int_{-\pi}^{-\frac{\pi}{2}} 0\,dt + \int_{-\frac{\pi}{2}}^{\frac{\pi}{2}} 1\,dt + \int_{\frac{\pi}{2}}^{\pi} 0\,dt\right)$$

$$= \frac{1}{\pi}\left|t\right|_{-\frac{\pi}{2}}^{\frac{\pi}{2}} = \frac{1}{\pi}\left\{\frac{\pi}{2} - \left(-\frac{\pi}{2}\right)\right\} = \frac{1}{\pi}\cdot\pi = 1$$

$$a_k = \frac{1}{\pi}\int_{-\pi}^{\pi} f(t)\cos kt\,dt = \frac{1}{\pi}\left(\int_{-\pi}^{-\frac{\pi}{2}} 0\,dt + \int_{-\frac{\pi}{2}}^{\frac{\pi}{2}} \cos kt\,dt + \int_{\frac{\pi}{2}}^{\pi} 0\,dt\right)$$

$$= \frac{1}{\pi}\left|\frac{1}{k}\sin kt\right|_{-\frac{\pi}{2}}^{\frac{\pi}{2}} = \frac{2}{k\pi}\sin\frac{k\pi}{2} = \begin{cases} 0 & (k:\text{偶数}) \\ -(-1)^{\frac{k+1}{2}}\dfrac{2}{k\pi} & (k:\text{奇数}) \end{cases}$$

$$b_k = \frac{1}{\pi}\int_{-\pi}^{\pi} f(t)\sin kt\,dt = \frac{1}{\pi}\left(\int_{-\pi}^{-\frac{\pi}{2}} 0\,dt + \int_{-\frac{\pi}{2}}^{\frac{\pi}{2}} \sin kt\,dt + \int_{\frac{\pi}{2}}^{\pi} 0\,dt\right)$$

$$= \frac{-1}{\pi}\left|\frac{1}{k}\cos kt\right|_{-\frac{\pi}{2}}^{\frac{\pi}{2}} = \frac{-1}{k\pi}\left\{\cos\frac{k\pi}{2} - \cos\left(-\frac{k\pi}{2}\right)\right\} = 0$$

以上より，

$$f(t) \approx \frac{1}{2} + \frac{2}{\pi}\left(\cos t - \frac{1}{3}\cos 3t + \frac{1}{5}\cos 5t - \frac{1}{7}\cos 7t + \cdots\right)$$

が得られ，元の信号は直流分と余弦波成分により展開できることが分かる．このときのフーリエ係数 a_k を，k を横軸にとって描いたグラフが図 2・4 である．これから，高調波の次数が高くなるほど，その係数は 0 に近づくことが分かる．

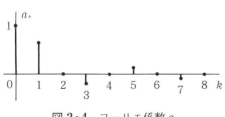

図 2・4　フーリエ係数 a_k

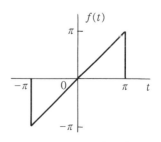

図 2・5　鋸歯状波

40　　　　　　　　第2章　フーリエ解析

【問題2・1】 次の周期2πの鋸歯状波（鋸波）を表す関数（図2・5）

$$f(t)=t \quad (-\pi \le t \le \pi), \qquad f(t+2\pi)=f(t)$$

をフーリエ級数に展開せよ.

　［略解］

$$a_k=\frac{1}{\pi}\int_{-\pi}^{\pi}f(t)\cos kt\,dt=\frac{1}{\pi}\int_{-\pi}^{\pi}t\cos kt\,dt=\frac{1}{\pi}\left(\left|\frac{1}{k}t\sin kt\right|_{-\pi}^{\pi}-\frac{1}{k}\int_{-\pi}^{\pi}\sin kt\,dt\right)$$

$$=\frac{1}{k\pi}\left(0+\left|\frac{1}{k}\cos kt\right|_{-\pi}^{\pi}\right)=\frac{1}{k^2\pi}\{\cos k\pi-\cos(-k\pi)\}=0$$

$$b_k=\frac{1}{\pi}\int_{-\pi}^{\pi}f(t)\sin kt\,dt=\frac{1}{\pi}\int_{-\pi}^{\pi}t\sin kt\,dt=\frac{1}{\pi}\left\{\left|\left(\frac{-1}{k}\right)t\cos kt\right|_{-\pi}^{\pi}-\left(\frac{-1}{k}\right)\int_{-\pi}^{\pi}\sin kt\,dt\right\}$$

$$=\frac{1}{k\pi}\left\{-\pi\cos k\pi-(-\pi)\cos(-k\pi)+\left|\frac{1}{k}\cos kt\right|_{-\pi}^{\pi}\right\}=\frac{-2}{k}\cos k\pi=(-1)^{k+1}\frac{2}{k}$$

以上より,

$$f(t)\approx 2\left(\sin t-\frac{1}{2}\sin 2t+\frac{1}{3}\sin 3t-\frac{1}{4}\sin 4t+\cdots\right)$$

が得られる.

2・1・2　フーリエ余弦級数とフーリエ正弦級数

　任意の関数$f(t)$は偶関数と奇関数の和で表すことができる. 偶関数とは$f(-t)=f(t)$の, 奇関数とは$f(-t)=-f(t)$の対称性を有する関数である.

$$f(t)=g(t)+h(t)$$

$$g(t)=\frac{1}{2}\{f(t)+f(-t)\}, \quad h(t)=\frac{1}{2}\{f(t)-f(-t)\}$$

とすれば, $g(t)$は偶関数, $h(t)$は奇関数であるから, もとの$f(t)$は偶関数と奇関数に分けられることになる.

（1）　フーリエ余弦級数

　フーリエ級数展開式において, $\cos kt$は偶関数, $\sin kt$は奇関数である（ただし, $k>0$とする）. したがって, $f(t)$を偶関数と奇関数に分けた

$$g(t)=\frac{a_0}{2}+\sum_{k=1}^{\infty}a_k\cos kt$$

は偶関数となる. この式を**フーリエ余弦級数**と呼ぶ.

　$f(t)$が偶関数の場合のフーリエ係数を求めてみる. 偶関数×偶関数＝偶関数から, $f(t)\cdot\cos kt$は偶関数となり,

$$a_k=\frac{1}{\pi}\int_{-\pi}^{\pi}f(t)\cos kt\,dt=\frac{2}{\pi}\int_{0}^{\pi}f(t)\cos kt\,dt \quad (k=0,1,2,\cdots)$$

となる．一方，偶関数×奇関数＝奇関数から，$f(t)\sin kt$ は偶関数となるので，
$$b_k = \frac{1}{\pi}\int_{-\pi}^{\pi} f(t)\sin kt\, dt = 0 \quad (k=1, 2, \cdots)$$
となり，結局，$f(t)$ がフーリエ余弦級数で表されることが分かる．

【問題 2・2】 次の周期 2π の三角波を表す関数（図 2・6）．
$$f(t) = \begin{cases} \dfrac{t}{\pi}+1 & (-\pi \le t \le 0) \\ -\dfrac{t}{\pi}+1 & (0 < t \le \pi) \end{cases}, \quad f(t+2\pi) = f(t)$$
をフーリエ級数に展開せよ．

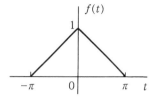

図 2・6 三角波

［略解］ $f(t)$ は偶関数であるからフーリエ係数 $b_k=0$ であり，a_k のみ求めればよい．
$$a_0 = \frac{2}{\pi}\int_0^{\pi} f(t)\, dt = \frac{2}{\pi}\int_0^{\pi}\left(-\frac{t}{\pi}+1\right)dt = \frac{2}{\pi}\left|-\frac{t^2}{2\pi}+t\right|_0^{\pi}$$
$$= \frac{2}{\pi}\left(-\frac{\pi^2}{2\pi}+\pi\right) = 1$$
$$a_k = \frac{2}{\pi}\int_0^{\pi} f(t)\cos kt\, dt = \frac{2}{\pi}\int_0^{\pi}\left(-\frac{t}{\pi}+1\right)\cos kt\, dt$$
$$= \frac{2}{\pi}\left\{\left|\left(-\frac{t}{\pi}+1\right)\cdot\frac{1}{k}\sin kt\right|_0^{\pi} - \int_0^{\pi}\left(-\frac{1}{\pi}\right)\cdot\frac{1}{k}\sin kt\, dt\right\}$$
$$= \frac{-2}{k^2\pi^2}|\cos kt|_0^{\pi} = \frac{2}{k^2\pi^2}(1-\cos k\pi) = \begin{cases} \dfrac{4}{k^2\pi^2} & (k=1, 3, 5, \cdots) \\ 0 & (k=2, 4, 6, \cdots) \end{cases}$$

以上より，
$$f(t) \approx \frac{1}{2} + \frac{4}{\pi^2}\left(\cos t + \frac{1}{9}\cos 3t + \frac{1}{25}\cos 5t + \cdots\right)$$
が得られる．

（2） **フーリエ正弦級数**

$f(t)$ の奇関数部分は
$$h(t) = \sum_{k=1}^{\infty} b_k \sin kt$$
であり，これを**フーリエ正弦級数**と呼ぶ．

　$f(t)$ が奇関数の場合のフーリエ係数は，（1）と同様に考えると，$f(t)\cos kt$ は奇関数であるから，

42　　　　　　　　　第2章　フーリエ解析

$$a_k = \frac{1}{\pi} \int_{-\pi}^{\pi} f(t) \cos k t \, dt = 0 \quad (k = 0, 1, 2, \cdots)$$

$f(t) \sin k t$ は偶関数であるから,

$$b_k = \frac{1}{\pi} \int_{-\pi}^{\pi} f(t) \sin k t \, dt = \frac{2}{\pi} \int_{0}^{\pi} f(t) \sin k t \, dt \quad (k = 1, 2, \cdots)$$

となり, $f(t)$ がフーリエ正弦級数で表されることが分かる.

【問題2・3】　次の周期 2π の関数

$$f(t) = \begin{cases} -1 & (-\pi \leq t \leq 0) \\ 1 & (0 < t \leq \pi) \end{cases}, \quad f(t + 2\pi) = f(t)$$

をフーリエ級数に展開せよ.

[略解]　$f(t)$ は奇関数であるから, フーリエ係数 $a_k = 0$ であり, b_k のみ求めればよい.

$$\begin{aligned} b_k &= \frac{2}{\pi} \int_{0}^{\pi} f(t) \sin k t \, dt = \frac{2}{\pi} \int_{0}^{\pi} \sin k t \, dt \\ &= \frac{2}{\pi} \left| -\frac{1}{k} \cos k t \right|_{0}^{\pi} = \frac{2}{k\pi} (-\cos k t + 1) \\ &= \begin{cases} \dfrac{2}{k\pi} (1+1) = \dfrac{4}{k\pi} & (k = 1, 3, 5, \cdots) \\ \dfrac{2}{k\pi} (-1+1) = 0 & (k = 2, 4, 6, \cdots) \end{cases} \end{aligned}$$

以上より

$$f(t) \approx \frac{4}{\pi} \left(\sin t + \frac{1}{3} \sin 3t + \frac{1}{5} \sin 5t + \cdots \right)$$

が得られる.

（3）　フーリエ級数の収束定理

　関数 $f(t)$ が $[-\pi, \pi]$ で区分的に滑らかであれば, この区間内における $f(t)$ のフーリエ級数は $f(t)$ に収束する. ただし, $t = t_a$ で $f(t)$ が不連続であるときは, フーリエ級数は不連続点の左右方向の極限 $\lim_{t \to t_a - 0} f(t)$ および $\lim_{t \to t_a + 0} f(t)$ の平均, すなわち $\frac{1}{2} \{ f(t_a - 0) + \{ f(t_a + 0) \}$ に収束する. この定理は**フーリエ級数の収束定理**として知られており, フーリエ級数展開の理論的な背景となっている. 1・1 で述べたように, 有界な区間において $f(t)$ に有限個の不連続点があっても, 不連続点 $t = t_a$ で左極限値 $f(t_a - 0)$ および右極限値 $f(t_a + 0)$ が存在することを"区分的に連続"と呼んだ. さらにこのとき, $f'(t)$ も区分的に連続であ

れば，$f(t)$ は"**区分的に滑らか**"という．

問題2・2の三角波は連続関数であるから，フーリエ級数展開の次数を上げるほど展開式は三角波に近づく．しかし，**図2・7**のような矩形波の場合には，不連続点を含んでおり，上述の定理から収束はするのであるが，展開式の次数を上げても**リップル**（行き過ぎ量）と呼ばれる振動が生じてしまう．この現象を**ギブズ現象**という．

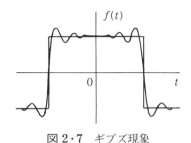

図2・7　ギブズ現象

2・1・3　任意の周期関数のフーリエ級数展開

2・1・1では，区間 $[-\pi, \pi]$ において区分的に連続で周期 2π をもつ関数について，そのフーリエ級数展開式を求めた．より一般的に，周期 T をもち，$\left[-\dfrac{T}{2}, \dfrac{T}{2}\right]$ で区分的に連続な関数 $f(u)$ について考えてみる．2・1・1の場合の区間 $t: -\pi \sim \pi$ に対して，この場合の区間は $u: -\dfrac{T}{2} \sim \dfrac{T}{2}$ であり，変数変換

$$u = \frac{T}{2\pi}t, \quad du = \frac{T}{2\pi}dt$$

を行うことにより，$f\left(\dfrac{T}{2\pi}t\right)$ は周期 2π の関数となるから，

$$f\left(\frac{T}{2\pi}t\right) = \frac{a_0}{2} + \sum_{k=1}^{\infty}(a_k \cos kt + b_k \sin kt)$$

とフーリエ級数に展開できる．したがって，変数を u に戻すと，

$$f(u) = \frac{a_0}{2} + \sum_{k=1}^{\infty}\left(a_k \cos \frac{2\pi k}{T}u + b_k \sin \frac{2\pi k}{T}u\right)$$

となるから u を t で置き換えれば，周期が T，$\left[-\dfrac{T}{2}, \dfrac{T}{2}\right]$ で区分的に連続な関数 $f(t)$ のフーリエ級数展開は

$$f(t) = \frac{a_0}{2} + \sum_{k=1}^{\infty}\left(a_k \cos \frac{2\pi k}{T}t + b_k \sin \frac{2\pi k}{T}t\right)$$

となる．ここで，$\omega_0 = \dfrac{2\pi}{T}$ と置けば，

$$f(t) = \frac{a_0}{2} + \sum_{k=1}^{\infty}(a_k \cos k\omega_0 t + b_k \sin k\omega_0 t)$$

と書くことができる．ω_0 は基本波の角周波数であり，**基本角周波数**と呼ばれる．

44　　　　　　　　第2章　フーリエ解析

フーリエ係数についても，同様にして，

$$a_k = \frac{2}{T} \int_{-\frac{T}{2}}^{\frac{T}{2}} f(t) \cos k\omega_0 t \, dt \quad (k = 0, 1, 2, \cdots)$$

$$b_k = \frac{2}{T} \int_{-\frac{T}{2}}^{\frac{T}{2}} f(t) \sin k\omega_0 t \, dt \quad (k = 1, 2, 3, \cdots)$$

として求めることができる．

【問題 2・4】　次の周期 T の関数

$$f(t) = \begin{cases} V \cos \dfrac{2\pi}{T} t & \left(-\dfrac{T}{4} \leq t \leq \dfrac{T}{4} \right) \\ 0 & \left(-\dfrac{T}{2} \leq t < -\dfrac{T}{4}, \ \dfrac{T}{4} < t \leq \dfrac{T}{2} \right) \end{cases}, \quad f(t+T) = f(t)$$

をフーリエ級数に展開せよ．

［略解］　$f(t)$ は偶関数であるから，フーリエ係数 $b_k = 0$ であり，a_k のみ求めればよい．

$$a_0 = \frac{4}{T} \int_0^{\frac{T}{4}} V \cos \frac{2\pi}{T} t \, dt = \frac{2V}{\pi} \left| \sin \frac{2\pi}{T} t \right|_0^{\frac{T}{4}} = \frac{2V}{\pi} \sin \frac{\pi}{2} = \frac{2V}{\pi}$$

$$a_k = \frac{4}{T} \int_0^{\frac{T}{4}} \left(V \cos \frac{2\pi}{T} t \cdot \cos \frac{2\pi k}{T} t \right) dt$$

$$= \frac{4V}{T} \int_0^{\frac{T}{4}} \frac{1}{2} \left\{ \cos \frac{2\pi}{T}(1-k)t + \cos \frac{2\pi}{T}(1+k)t \right\} dt$$

$$= \frac{2V}{T} \left| \frac{T}{2\pi(1-k)} \sin \frac{2\pi}{T}(1-k)t + \frac{T}{2\pi(1+k)} \sin \frac{2\pi}{T}(1+k)t \right|_0^{\frac{T}{4}}$$

$$= \frac{V}{\pi} \left\{ \frac{1}{1-k} \sin \frac{\pi}{2}(1-k) + \frac{1}{1+k} \sin \frac{\pi}{2}(1+k) \right\}$$

$k = 1$ のときは，ロピタルの定理を用いて，

$$a_1 = \frac{V}{\pi} \left\{ \frac{1}{1-1} \sin \frac{\pi}{2}(1-1) + \frac{1}{1+1} \sin \frac{\pi}{2}(1+1) \right\}$$

$$= \frac{V}{\pi} \left[\frac{\pi}{2} \cdot \frac{\dfrac{\sin \pi(1-1)}{2}}{\dfrac{\pi}{2}(1-1)} + \frac{1}{2} \sin \frac{\pi}{2} \cdot 2 \right] = \frac{V}{\pi} \cdot \frac{\pi}{2} = \frac{V}{2}$$

$k > 1$ のとき，

$$a_k = \frac{V}{\pi} \left\{ \frac{1}{1-k} \sin \left(\frac{\pi}{2} - \frac{k\pi}{2} \right) + \frac{1}{1+k} \sin \left(\frac{\pi}{2} + \frac{k\pi}{2} \right) \right\}$$

$$= \frac{V}{\pi} \left(\frac{1}{1-k} \cos \frac{k\pi}{2} + \frac{1}{1+k} \cos \frac{k\pi}{2} \right) = \frac{V}{\pi} \cdot \frac{1}{1-k^2} \cdot (1+k+1-k) \cos \frac{k\pi}{2}$$

$$= \frac{V}{\pi} \cdot \frac{2}{1-k^2} \cos \frac{k\pi}{2}$$

2・1 フーリエ級数とフーリエ係数　　45

以上より,

$$f(t) \approx V\left(\frac{1}{\pi} + \frac{1}{2}\cos\omega_0 t + \frac{2}{3\pi}\cos 2\omega_0 t - \frac{2}{15\pi}\cos 4\omega_0 t + \frac{2}{35\pi}\cos 6\omega_0 t - \cdots\right)$$

が得られる. ただし, $\omega_0 = \dfrac{2\pi}{T}$ である.

2・1・4　複素フーリエ級数

フーリエ級数展開式において, オイラーの公式

$$e^{j\theta} = \cos\theta + j\sin\theta$$

を用いれば,

$$\cos\theta = \frac{1}{2}(e^{j\theta} + e^{-j\theta}), \quad \sin\theta = \frac{1}{2j}(e^{j\theta} - e^{-j\theta})$$

であるから, これを代入すると次式が得られる.

$$\begin{aligned}
f(t) &= \frac{a_0}{2} + \sum_{k=1}^{\infty}\left\{\frac{1}{2}a_k(e^{jk\omega_0 t} + e^{-jk\omega_0 t}) + \frac{1}{2j}b_k(e^{jk\omega_0 t} - e^{-jk\omega_0 t})\right\} \\
&= \frac{a_0}{2} + \sum_{k=1}^{\infty}\left\{\frac{1}{2}(a_k - jb_k)e^{jk\omega_0 t} + \frac{1}{2}(a_k + jb_k)e^{-jk\omega_0 t}\right\} \\
&= c_0 + \sum_{k=1}^{\infty}(c_k e^{jk\omega_0 t} + c_{-k}e^{-jk\omega_0 t}) = \sum_{k=-\infty}^{\infty} c_k e^{jk\omega_0 t}
\end{aligned}$$

ただし, c_0, c_k, c_{-k} はそれぞれ次のように置いている.

$$c_0 = \frac{a_0}{2}, \quad c_k = \frac{1}{2}(a_k - jb_k), \quad c_{-k} = \frac{1}{2}(a_k + jb_k)$$

c_k と c_{-k} は複素共役 $c_k = \overline{c_{-k}}$ の関係にある.

　この展開式は $f(t)$ が指数関数 $e^{j\omega t}$ で展開できることを表しており, この展開を**複素フーリエ級数展開**, 係数 c_k を**複素フーリエ係数**と呼ぶ. 複素フーリエ級数展開に対して, **2・1・3** の $\cos k\omega_0 t$ と $\sin k\omega_0 t$ による展開式のことを**実フーリエ級数展開**, その展開係数 a_k, b_k を**実フーリエ係数**と呼ぶことがある. 実フーリエ係数と複素フーリエ係数の関係は次のようになる.

$$a_k = (c_k + c_{-k}), \quad b_k = j(c_k - c_{-k})$$

複素フーリエ係数 c_k は, 実フーリエ係数の計算式を代入すれば,

$$\begin{aligned}
c_k &= \frac{1}{2}(a_k - jb_k) = \frac{1}{2}\left\{\frac{2}{T}\int_{-\frac{T}{2}}^{\frac{T}{2}} f(t)\cos k\omega_0 t\,dt - j\frac{2}{T}\int_{-\frac{T}{2}}^{\frac{T}{2}} f(t)\sin k\omega_0 t\,dt\right\} \\
&= \frac{1}{T}\int_{-\frac{T}{2}}^{\frac{T}{2}} f(t)(\cos k\omega_0 t\,dt - j\sin k\omega_0 t)\,dt \\
&= \frac{1}{T}\int_{-\frac{T}{2}}^{\frac{T}{2}} f(t)e^{-jk\omega_0 t}\,dt \quad (k = 0, 1, 2, \cdots)
\end{aligned}$$

として求めることができる．c_{-k} も同様に，次式で得られる．

$$c_{-k} = \frac{1}{2}(a_k + jb_k) = \int_{-\frac{T}{2}}^{\frac{T}{2}} f(t) e^{jk\omega_0 t} dt \quad (k=1, 2, \cdots)$$

c_k は複素数であり，その絶対値

$$|c_k| = \sqrt{a_k^2 + b_k^2}$$

を**振幅スペクトル**，偏角

$$\varphi_k = \angle c_k = \tan^{-1}\left(\frac{-b_k}{a_k}\right)$$

を**位相スペクトル**と呼ぶ．なお，スペクトルとは，光や音などの信号を，それに含まれている成分ごとに分解して表したものである．

複素フーリエ級数展開を用いて信号の解析を行う際，横軸に k をとり，振幅スペクトルの2乗値 $|c_k|^2$ を縦軸にしたグラフを描くと，たとえば図 **2・8** のように k ごとに縦線が並ぶことになる．これは信号に含まれる，k 次の周波数成分の振幅と

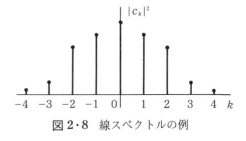

図 **2・8** 線スペクトルの例

位相を表している．このような縦線のスペクトルを**線スペクトル**（あるいは**離散スペクトル**）という．

【例題 2-2】 次の周期 T の関数

$$f(t) = \begin{cases} -1 & \left(-\frac{T}{2} \le t \le 0\right) \\ 1 & \left(0 < t \le \frac{T}{2}\right) \end{cases}, \quad f(t+T) = f(t)$$

を複素フーリエ級数に展開せよ．

[解] 複素フーリエ係数 c_k は次のようにして求められる．

$$c_k = \frac{1}{T}\int_{-\frac{T}{2}}^{\frac{T}{2}} f(t) e^{-j\frac{2k\pi}{T}t} dt = \frac{1}{T}\left\{\int_{-\frac{T}{2}}^{0}(-1)\cdot e^{-j\frac{2k\pi}{T}t}dt + \int_{0}^{\frac{T}{2}} e^{-j\frac{2k\pi}{T}t}dt\right\}$$

$$= \frac{1}{T}\left\{\frac{jT}{2k\pi}\left(\left|e^{-j\frac{2k\pi}{T}t}\right|_{-\frac{T}{2}}^{0} + \left|e^{-j\frac{2k\pi}{T}t}\right|_{0}^{\frac{T}{2}}\right)\right\} = \frac{j}{2k\pi}(e^{jk\pi}-1+e^{-jk\pi}-1)$$

$$= \frac{j}{2k\pi}(e^{jk\pi}+e^{-jk\pi}-2) = \frac{j}{k\pi}(\cos k\pi - 1) = \frac{j}{k\pi}\{(-1)^k - 1\}$$

2・1 フーリエ級数とフーリエ係数　　47

したがって，

$$f(t) = \sum_{k=-\infty}^{\infty} \frac{j}{k\pi} \{(-1)^k - 1)\} e^{jk\omega_0 t}$$

が得られる．ただし，$\omega_0 = \dfrac{2\pi}{T}$ である．

　この複素フーリエ係数 c_k から計算した実フーリエ係数 a_k，b_k と**問題 2・3** の結果を比較してみると，

$$a_k = (c_k + c_{-k}) = \frac{j}{k\pi}\{(-1)^k - 1)\} - \frac{j}{k\pi}\{(-1)^k - 1)\} = 0$$

$$b_k = j(c_k - c_{-k}) = j\left[\frac{j}{k\pi}\{(-1)^k - 1)\} + \frac{j}{k\pi}\{(-1)^k - 1)\} \right]$$

$$= \frac{2\{1-(-1)^k\}}{k\pi} = \begin{cases} \dfrac{4}{k\pi} & (k=1,3,5,\cdots) \\ 0 & (k=2,4,6,\cdots) \end{cases}$$

となって，一致していることが確認できる．

　$f(t)$ が奇関数の場合には実フーリエ係数 $a_k = 0$ より

$$c_k = \frac{1}{2}(a_k - jb_k) = \frac{-jb_k}{2}, \qquad c_{-k} = \frac{1}{2}(a_k + jb_k) = \frac{jb_k}{2}$$

となり，c_k の実部は $\mathrm{Re}(c_k) = 0$，偶関数の場合には $b_k = 0$ より

$$c_k = \frac{1}{2}(a_k - jb_k) = \frac{a_k}{2}, \qquad c_{-k} = \frac{1}{2}(a_k + jb_k) = \frac{a_k}{2}$$

となって，c_k の虚部は $\mathrm{Im}(c_k) = 0$ となることが分かる．

【問題 2・5】 次の周期 T の関数

$$f(t) = \begin{cases} 1 & (-a \le t \le a) \\ 0 & \left(-\dfrac{T}{2} \le t < -a,\ a < t \le \dfrac{T}{2}\right) \end{cases}, \qquad f(t+T) = f(t)$$

の複素フーリエ級数を求めよ．

　[略解]　c_k は次のようにして求められる．

$$c_k = \frac{1}{T}\int_{-\frac{T}{2}}^{\frac{T}{2}} f(t) e^{-jk\omega_0 t} dt = \frac{1}{T}\int_{-a}^{a} e^{-jk\omega_0 t} dt = \frac{1}{T}\left(\frac{j}{k\omega_0} \left| e^{-jk\omega_0 t} \right|_{-a}^{a} \right)$$

$$= \frac{1}{T} \cdot \frac{j}{k\omega_0}(e^{-jk\omega_0 a} - e^{jk\omega_0 a}) = \frac{2}{k\omega_0 T}\sin k\omega_0 a = \frac{2a}{T} \cdot \frac{\sin k\omega_0 a}{k\omega_0 a}$$

$k = 0$ のときは，ロピタルの定理を用いて，

$$c_0 = \frac{2a}{T} \cdot \frac{\sin k\omega_0 a}{k\omega_0 a} = \frac{2a}{T}$$

となる．

48　　　　　　　　　　　第2章　フーリエ解析

ここで得られた c_k のように，
$f(x)=\dfrac{\sin x}{x}$ の形式の関数を標
本化関数と呼び，図 **2・9** のよ
うな波形となる．

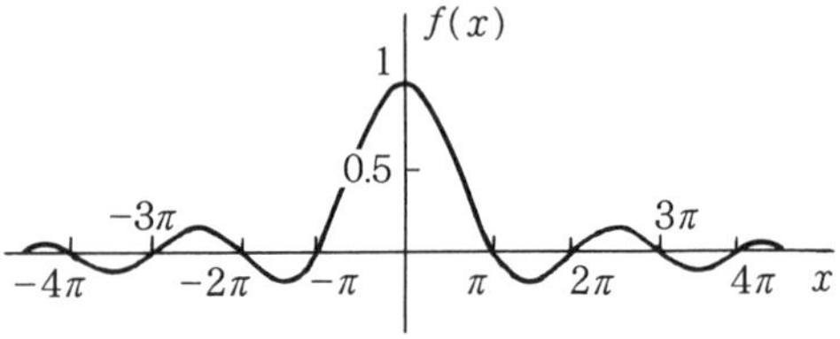

図 **2・9**　標本化関数

練 習 問 題 2 (1〜6)

2・1　次の周期 2π の関数
$$f(t)=\begin{cases} t & (0\le t\le\pi) \\ 0 & (-\pi\le t<0) \end{cases}, \qquad f(t+2\pi)=f(t)$$
をフーリエ級数に展開せよ．

　[略解]　以下のようにしてフーリエ係数 $a_k,\,b_k$ を求める．

$$a_0=\frac{1}{\pi}\int_0^\pi t\,dt=\frac{1}{\pi}\left|\frac{t^2}{2}\right|_0^\pi=\frac{\pi}{2}$$

$$a_k=\frac{1}{\pi}\int_0^\pi t\cos kt\,dt=\frac{1}{\pi}\left(\left|t\cdot\frac{1}{k}\sin kt\right|_0^\pi-\int_0^\pi\frac{1}{k}\sin kt\,dt\right)$$

$$=-\frac{1}{k\pi}\int_0^\pi\sin kt\,dt=-\frac{1}{k\pi}\left|-\frac{1}{k}\cos kt\right|_0^\pi$$

$$=\frac{1}{k^2\pi}(\cos k\pi-1)=\frac{(-1)^k-1}{k^2\pi}$$

$$b_k=\frac{1}{\pi}\int_0^\pi t\sin kt\,dt=\frac{1}{\pi}\left\{\left|-t\cdot\frac{1}{k}\cos kt\right|_0^\pi-\int_0^\pi\left(-\frac{1}{k}\right)\cos kt\,dt\right\}$$

$$=-\frac{1}{k\pi}\left(\pi\cos k\pi-\left|\frac{1}{k}\sin kt\right|_0^\pi\right)=-\frac{1}{k}\cos k\pi=-\frac{(-1)^k}{k}=\frac{(-1)^{k+1}}{k}$$

以上より，

$$f(t)\approx\frac{\pi}{4}-\frac{2}{\pi}\left(\cos t+\frac{1}{9}\cos 3t+\frac{1}{25}\cos 5t+\cdots\right)$$
$$+\sin t-\frac{1}{2}\sin 2t+\frac{1}{3}\sin 3t-\cdots$$

が得られる．

2・2　次の周期 2π の関数
$$f(t)=e^x \quad (-\pi\le t\le\pi), \qquad f(t+2\pi)=f(t)$$

練 習 問 題 2 49

をフーリエ級数に展開せよ.

[略解]　以下のようにしてフーリエ係数 a_k, b_k を求める.

$$a_0 = \frac{1}{\pi}\int_{-\pi}^{\pi} e^t dt = \frac{1}{\pi}\left| e^t \right|_{-\pi}^{\pi} = \frac{1}{\pi}(e^\pi - e^{-\pi})$$

$$a_k = \frac{1}{\pi}\int_{-\pi}^{\pi} e^t \cos kt\, dt = \frac{1}{\pi}\left(\left| e^t \cdot \frac{1}{k}\sin kt \right|_{-\pi}^{\pi} - \int_{-\pi}^{\pi} e^t \cdot \frac{1}{k}\sin kt\, dt \right)$$

$$= -\frac{1}{k\pi}\int_{-\pi}^{\pi} e^t \sin kt\, dt = -\frac{1}{k} b_k$$

$$b_k = \frac{1}{\pi}\int_{-\pi}^{\pi} e^t \sin kt\, dt = \frac{1}{\pi}\left\{ \left| -e^t \cdot \frac{1}{k}\cos kt \right|_{-\pi}^{\pi} - \int_{-\pi}^{\pi}\left(-e^t \cdot \frac{1}{k}\cos kt \right) dt \right\}$$

$$= \frac{1}{k}\left\{ (-1)^{k+1}\frac{e^\pi - e^{-\pi}}{\pi} + \frac{1}{\pi}\int_{-\pi}^{\pi} e^t \cos kt\, dt \right\} = \frac{1}{k}\left\{ (-1)^{k+1}\frac{e^\pi - e^{-\pi}}{\pi} - \frac{1}{k} b_k \right\}$$

この式から b_k を求めると

$$b_k\left(1 + \frac{1}{k^2}\right) = (-1)^{k+1}\frac{e^\pi - e^{-\pi}}{k\pi}$$

$$b_k = (-1)^{k+1}\frac{e^\pi - e^{-\pi}}{k\pi} \cdot \frac{k^2}{k^2+1} = (-1)^{k+1}\frac{k(e^\pi - e^{-\pi})}{\pi(k^2+1)}$$

となる. これを a_k の式に代入して

$$a_k = -\frac{1}{k} b_k = (-1)^k \frac{e^\pi - e^{-\pi}}{\pi(k^2+1)}$$

と求められる. 以上より,

$$f(t) \approx \frac{e^\pi - e^{-\pi}}{\pi}\left\{ \frac{1}{2} - \frac{1}{2}(\cos t - \sin t) + \frac{1}{5}(\cos 2t - 2\sin 2t) \right.$$

$$\left. - \frac{1}{10}(\cos 3t - 3\sin 3t) + \cdots \right\}$$

が得られる.

2・3　次の周期 2π の関数

$$f(t) = t^3 \quad (-\pi \le t \le \pi), \quad f(t + 2\pi) = f(t)$$

をフーリエ級数に展開せよ.

[略解]　$f(t)$ は奇関数であるからフーリエ係数 $a_k = 0$ であり, b_k のみ求めれば
よい.

$$b_k = \frac{2}{\pi}\int_0^{\pi} t^3 \sin kt\, dt = \frac{2}{\pi}\left(\left| -t^3 \cdot \frac{1}{k}\cos kt \right|_0^{\pi} + \int_0^{\pi} 3t^2 \cdot \frac{1}{k}\cos kt\, dt \right)$$

$$= \frac{2}{\pi}\left\{ -\frac{\pi^3}{k}\cos k\pi + \frac{3}{k}\left(\left| t^2 \cdot \frac{1}{k}\sin kt \right|_0^{\pi} - \int_0^{\pi} 2t \cdot \frac{1}{k}\sin kt\, dt \right) \right\}$$

$$= \frac{2}{\pi}\left\{ -\frac{\pi^3}{k}\cos k\pi + \frac{3}{k} \cdot \frac{2}{k}\left(\left| \frac{1}{k} \cdot t\cos kt \right|_0^{\pi} - \int_0^{\pi}\frac{1}{k}\cos kt\, dt \right) \right\}$$

$$= \frac{2}{\pi}\left\{-\frac{\pi^3}{k}\cos k\pi + \frac{6}{k^3}\left(\pi\cos k\pi - \left|\sin kt\right|_0^\pi\right)\right\}$$

$$= \frac{2}{k}\left(-\pi^2\cos k\pi + \frac{6}{k^2}\cos k\pi\right) = \frac{2}{k}\left\{(-1)^{k+1}\pi^2 + (-1)^k\frac{6}{k^2}\right\}$$

以上より，

$$f(t) \approx 2\pi^2\left(\sin t - \frac{1}{2}\sin 2t + \frac{1}{3}\sin 3t - \cdots\right)$$
$$- 12\left(\sin t - \frac{1}{8}\sin 2t + \frac{1}{27}\sin 3t - \cdots\right)$$

が得られる．

2・4 次の周期 T の関数
$$f(t) = \left|V\sin\frac{2\pi}{T}t\right| \quad \left(-\frac{T}{2} \leq t \leq \frac{T}{2}\right),$$
$$f(t+T) = f(t)$$

をフーリエ級数に展開せよ（**図 2・10**）．

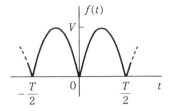

図 2・10 全波整流波形

[**略解**] $f(t)$ は全波整流波形と呼ばれ，偶関数であるからフーリエ係数 $b_k = 0$ であり，a_k のみ求めればよい．

$$a_0 = \frac{4}{T}\int_0^{\frac{T}{2}} V\sin\frac{2\pi}{T}t\,dt = \frac{4V}{\pi}\left|-\cos\frac{2\pi}{T}t\right|_0^{\frac{T}{2}} = \frac{2V}{\pi}(1-\cos\pi) = \frac{4V}{\pi}$$

$$a_k = \frac{4}{T}\int_0^{\frac{T}{2}}\left(V\sin\frac{2\pi}{T}t \cdot \cos\frac{2\pi k}{T}t\right)dt$$

$$= \frac{4V}{T}\int_0^{\frac{T}{2}}\frac{1}{2}\left\{\sin\frac{2\pi}{T}(1-k)t + \sin\frac{2\pi}{T}(1+k)t\right\}dt$$

$$= -\frac{2V}{T}\left|\frac{T}{2\pi(1-k)}\cos\frac{2\pi}{T}(1-k)t + \frac{T}{2\pi(1+k)}\cos\frac{2\pi}{T}(1+k)t\right|_0^{\frac{T}{2}}$$

$$= -\frac{V}{\pi}\left\{\frac{\cos(1-k)\pi - 1}{1-k} + \frac{\cos(1+k)\pi - 1}{1+k}\right\} = \begin{cases} 0 & (n:\text{奇数}) \\ \dfrac{4}{\pi(1-k^2)} & (n:\text{偶数}) \end{cases}$$

以上より，

$$f(t) \approx \frac{2V}{\pi}\left(1 - \frac{2}{3}\cos 2\omega_0 t - \frac{2}{15}\cos 4\omega_0 t - \frac{2}{35}\cos 6\omega_0 t - \cdots\right)$$

が得られる．ただし，$\omega_0 = \dfrac{2\pi}{T}$ である．

2・5 次の周期 T の関数

$$f(t) = \begin{cases} V\sin\dfrac{2\pi}{T}t & \left(0 \le t \le \dfrac{T}{2}\right) \\ 0 & \left(-\dfrac{T}{2} \le t < 0\right) \end{cases}, \quad f(t+T) = f(t)$$

をフーリエ級数に展開せよ（図 2・11）．

[略解] $f(t)$ は半波整流波形と呼ばれ，

$$f(t) = \frac{1}{2}\left(V\sin\frac{2\pi}{T}t + \left|V\sin\frac{2\pi}{T}t\right|\right) \quad \left(-\frac{T}{2} \le t \le \frac{T}{2}\right)$$

と表すことができるから，前問の結果を用いて，

$$f(t) \approx \frac{V}{\pi}\left(1 + \frac{\pi}{2}\sin\omega_0 t - \frac{2}{3}\cos 2\omega_0 t - \frac{2}{15}\cos 4\omega_0 t - \frac{2}{35}\cos 6\omega_0 t - \cdots\right)$$

が得られる．

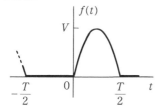

図 2・11　半波整流波形

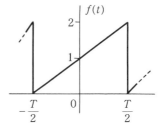

図 2・12　周期 T の鋸歯状波

2・6 次の周期 T の関数

$$f(t) = \frac{2}{T}t + 1 \quad \left(-\frac{T}{2} \le t \le \frac{T}{2}\right), \quad f(t+T) = f(t)$$

の複素フーリエ係数を求め，これらを用いて実フーリエ係数を計算せよ（図 2・12）．

[略解] 与えられた $f(t)$ の 2 項目は直流分 1 であるから，展開項間の直交性より 1 項目のみ複素フーリエ変換すればよい．したがって，$g(t) = \dfrac{2}{T}t$ と置いてこの複素フーリエ変換を求めると，

$$\begin{aligned}
c_k &= \frac{1}{T}\int_{-\frac{T}{2}}^{\frac{T}{2}} \frac{2}{T} t e^{-jk\omega_0 t} dt = \frac{2}{T^2}\left(\left|t\frac{e^{-jk\omega_0 t}}{-jk\omega_0}\right|_{-\frac{T}{2}}^{\frac{T}{2}} - \int_{-\frac{T}{2}}^{\frac{T}{2}} \frac{e^{-jk\omega_0 t}}{-jk\omega_0} dt\right) \\
&= \frac{2}{T^2}\left\{\frac{1}{-jk\omega_0}\left(\frac{T}{2}e^{-jk\pi} + \frac{T}{2}e^{jk\pi}\right) - \frac{1}{(-jk\omega_0)^2}\left|e^{-jk\omega_0 t}\right|_{-\frac{T}{2}}^{\frac{T}{2}}\right\} \\
&= \frac{2}{T^2}\left\{\frac{T}{-jk\omega_0}\cos k\pi - \frac{1}{k^2\omega_0^2}(e^{-jk\pi} - e^{jk\pi})\right\} \\
&= \frac{2}{T^2}\left\{j\frac{(-1)^k T^2}{2k\pi} + \frac{j2}{k^2\omega_0^2}\sin k\pi\right\} = j\frac{(-1)^k}{k\pi}, \quad |k| > 0
\end{aligned}$$

が得られる．この c_k と直流分 $c_0=1$ より，

$$a_0 = 2c_0 = 2$$
$$a_k = c_k + c_{-k} = j\frac{(-1)^k}{k\pi} - j\frac{(-1)^k}{k\pi} = 0, \quad |k|>0$$
$$b_k = j(c_k - c_{-k}) = j\left\{j\frac{(-1)^k}{k\pi} + j\frac{(-1)^k}{k\pi}\right\} = j\left\{j2\frac{(-1)^k}{k\pi}\right\} = (-1)^{k+1}\frac{2}{k\pi}, \quad |k|>0$$

となる．

2・2 フーリエ変換とフーリエ逆変換

2・2・1 複素フーリエ級数からフーリエ変換へ

フーリエ級数展開，あるいは複素フーリエ級数展開では，周期的な信号について，それに含まれる周波数成分を線スペクトルとして分析することができた．図 2・13 は，問題 2・5 で得られた複素フーリエ級数の，パルス幅を $a=1$ と置いた

$$c_k = \frac{2}{T} \cdot \frac{\sin\dfrac{2\pi k}{T}}{\dfrac{2\pi k}{T}}$$

について，周期 T を変化させたときのグラフである．点線は c_k の値を結んだ**包絡線**と呼ばれるもので，標本化関数 $f(x) = \dfrac{\sin x}{x}$ の波

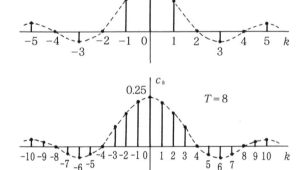

図 2・13 矩形波の線スペクトル

形となっていることが分かる．この関数の横軸に関して，原点を挟んだ両側の間隔 π ごとに，$T=4$ のときは線スペクトルが 2 本，$T=8$ のときは 4 本入る．周期 T が大きくなるほど，この本数は増加するので，線スペクトルどうしの間隔は小さくなる．したがって，図 2・14 のような孤立パルス波形（矩形波）を周期 $T \to \infty$ の周期信号と考えれば，上述のことから線スペクトルの間隔は 0 に

近づき，標本化関数の連続波形が得られると予想される．連続的に分布するスペクトルは**連続スペクトル**と呼ばれる．このように，非周期信号のスペクトル分析を行うために，フーリエ級数展開を周期∞として考えると，以下のような式が導出される．まず，複素フーリエ級数の

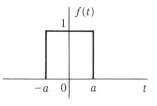

図 2・14 孤立パルス波形

展開式の右辺に，c_k の計算式を代入し，$\omega_0 = \dfrac{2\pi}{T}$ の関係を用いると，

$$f(t) = \sum_{k=-\infty}^{\infty} c_k e^{jk\omega_0 t} = \sum_{k=-\infty}^{\infty} \left\{ \frac{1}{T} \int_{-\frac{T}{2}}^{\frac{T}{2}} f(t) e^{-jk\omega_0 t} dt \right\} e^{jk\omega_0 t}$$

$$= \frac{1}{2\pi} \sum_{k=-\infty}^{\infty} \left\{ \omega_0 \int_{-\frac{T}{2}}^{\frac{T}{2}} f(t) e^{-jk\omega_0 t} dt \right\} e^{jk\omega_0 t}$$

となる．$T \to \infty$ のとき ω_0 は微小値となるから $\varDelta\omega = \omega_0$ と置く．$\varDelta\omega$ がとても小さな値であれば，$k\varDelta\omega$ は k の変化に対して連続量に近づくので，$\omega = k\varDelta\omega$，$d\omega = \varDelta\omega$ として総和を積分で置き換えて，

$$f(t) = \frac{1}{2\pi} \sum_{k=-\infty}^{\infty} \left\{ \varDelta\omega \int_{-\infty}^{\infty} f(t) e^{-jk\varDelta\omega t} dt \right\} e^{jk\varDelta\omega t}$$

$$= \frac{1}{2\pi} \int_{-\infty}^{\infty} \left\{ \int_{-\infty}^{\infty} f(t) e^{-j\omega t} dt \right\} e^{j\omega t} d\omega$$

と変形することができる．ここで，

$$F(\omega) = \int_{-\infty}^{\infty} f(t) e^{-j\omega t} dt$$

と置けば，

$$f(t) = \frac{1}{2\pi} \int_{-\infty}^{\infty} F(\omega) e^{j\omega t} d\omega$$

が得られる．この式は周期関数の場合のフーリエ級数展開式に対応したものであり，$F(\omega)$ の式を関数 $f(t)$ の**フーリエ変換**，$f(t)$ の式を**フーリエ逆変換**と呼ぶ．

フーリエ変換により，時間 t の関数である非周期関数 $f(t)$ は角周波数 ω の関数 $F(\omega)$ に変換され，連続スペクトルとして周波数分布が表されることになる．フーリエ逆変換は，その逆で，角周波数の関数から時間の関数へと変換するものである．$f(t)$ と $F(\omega)$ の対 $f(t) \Leftrightarrow F(\omega)$ は**フーリエ変換対**と呼ばれる．$f(t)$ のフーリエ変換をとることを $\mathfrak{F}[f(t)]$ と書くことにすると，$\mathfrak{F}[f(t)] = F(\omega)$ となる．フーリエ逆変換は $\mathfrak{F}^{-1}$ と書いて，$\mathfrak{F}^{-1}[F(\omega)] = f(t)$ となる．

フーリエ変換 $F(\omega)$ は一般に複素数であるから，
$$F(\omega)=\text{Re}\{F(\omega)\}+\text{Im}\{F(\omega)\}=|F(\omega)|e^{j\varphi(\omega)}$$
と表すことができ，
$$|F(\omega)|=\sqrt{\text{Re}\{F(\omega)\}^2+\text{Im}\{F(\omega)\}^2}$$
$$\varphi(\omega)=\tan^{-1}\frac{\text{Im}\{F(\omega)\}}{\text{Re}\{F(\omega)\}}$$
で求められる．$|F(\omega)|$ と $\varphi(\omega)$ の特性をそれぞれ，**振幅スペクトル**，**位相スペクトル**と呼ぶ．$F(\omega)$ の位相スペクトルのことを偏角（argument）の意味で $\text{Arg}\{F(\omega)\}$ と表記することもある．

【例題 2-3】 次の関数
$$f(t)=\begin{cases}1 & (-T\leq t\leq T)\\0 & (t<-T,\ t>T)\end{cases}$$
のフーリエ変換を求めよ．

[解] フーリエ変換の定義から，三角関数の公式を用いて，
$$F(\omega)=\int_{-\infty}^{\infty}f(t)e^{-j\omega t}dt=\int_{-T}^{T}1\cdot e^{-j\omega t}dt=\int_{-T}^{T}e^{-j\omega t}dt=\left|\frac{1}{-j\omega}e^{-j\omega t}\right|_{-T}^{T}$$
$$=\frac{1}{-j\omega}(e^{-j\omega T}-e^{j\omega T})=\frac{2}{\omega}\sin\omega T=2T\frac{\sin\omega T}{\omega T}$$

となる．孤立パルス波形 $f(t)$ の周波数分布 $F(\omega)$ は，連続スペクトルとして ω の関数で与えられる．図 2・15 は，$T=2\pi$ としたときの $F(\omega)$ を描いたもので，連続な曲線となる．

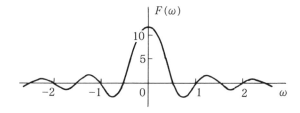

図 2・15 孤立パルス波形の周波数スペクトル

【問題 2・6】 次の関数
$$f(t)=\delta(t)$$
のフーリエ変換を求めよ．

[略解] 1・3 で説明したデルタ関数は
$$\int_{-\infty}^{\infty}\delta(t)dt=1,\quad \delta(t)=\begin{cases}\infty & (t=0)\\0 & (t\neq 0)\end{cases}$$
であり，デルタ関数と任意の関数との積の積分の性質を用いれば，フーリエ変換の

2・2 フーリエ変換とフーリエ逆変換   55

定義により

$$F(t) = \int_{-\infty}^{\infty} \delta(t) e^{-j\omega t} dt = e^{-j\omega \cdot 0} = 1$$

となる.

【問題 2・7】 次の関数

$$f(t) = \begin{cases} \cos \omega_0 t & (-T \leq t \leq T) \\ 0 & (t < -T, \ t > T) \end{cases}$$

のフーリエ変換を求めよ.

[略解] フーリエ変換の定義から,三角関数の公式を用いて,

$$F(\omega) = \int_{-\infty}^{\infty} f(t) e^{-j\omega t} dt = \int_{-T}^{T} \cos \omega_0 t \cdot e^{-j\omega t} dt = \int_{-T}^{T} \left(\frac{e^{j\omega_0 t} + e^{-j\omega_0 t}}{2} \right) e^{-j\omega t} dt$$

$$= \frac{1}{2} \int_{-T}^{T} e^{j(\omega_0 - \omega)t} dt + \frac{1}{2} \int_{-T}^{T} e^{-j(\omega_0 + \omega)t} dt$$

$$= \left| \frac{1}{j2(\omega_0 - \omega)} e^{j(\omega_0 - \omega)t} \right|_{-T}^{T} - \left| \frac{1}{j2(\omega_0 + \omega)} e^{-j(\omega_0 + \omega)t} \right|_{-T}^{T}$$

$$= \frac{1}{j2(\omega_0 - \omega)} \{ e^{j(\omega_0 - \omega)T} - e^{-j(\omega_0 - \omega)T} \} - \frac{1}{j2(\omega_0 + \omega)} \{ e^{-j(\omega_0 + \omega)T} - e^{j(\omega_0 + \omega)T} \}$$

$$= \frac{1}{(\omega_0 - \omega)} \sin(\omega_0 - \omega)T + \frac{1}{(\omega_0 + \omega)} \sin(\omega_0 + \omega)T$$

と求まる.

2・2・2 フーリエ積分定理

関数 $f(t)$ の

$$f(t) = \frac{1}{2\pi} \int_{-\infty}^{\infty} \left\{ \int_{-\infty}^{\infty} f(t) e^{-j\omega t} dt \right\} e^{j\omega t} d\omega$$

の形の積分は**フーリエ積分**とも呼ばれる.フーリエ級数展開の場合と同じく,この場合もフーリエ積分の収束について次の定理が成り立つ.

関数 $f(t)$ がすべての区分 $(-\infty, \infty)$ において区分的に滑らかで,$\int_{-\infty}^{\infty} |f(t)| dt < \infty$ であれば,$f(t)$ のフーリエ積分は $f(t)$ に収束する.ただし,$t = t_a$ で $f(t)$ が不連続ならば,フーリエ積分は $\frac{1}{2} \{ f(t_a - 0) + f(t_a + 0) \}$ に収束する.この定理は**フーリエ積分定理**として知られる.

2・2・3 フーリエ余弦変換

フーリエ級数展開の場合と同様に,関数 $f(t)$ が偶関数か奇関数であれば,フーリエ変換の式はより簡単に表すことができる.**2・2・1** で導いた $f(t)$ のフーリエ変換 $F(\omega)$ に,オイラーの公式を代入すると次のようになる.

56   第2章　フーリエ解析

$$F(\omega) = \int_{-\infty}^{\infty} f(t) e^{-j\omega t} dt = \int_{-\infty}^{\infty} f(t)(\cos \omega t - j \sin \omega t) dt$$

$$= \int_{-\infty}^{\infty} f(t) \cos \omega t \, dt - j \int_{-\infty}^{\infty} f(t) \sin \omega t \, dt$$

$f(t)$ が偶関数のときは，$f(t) \sin \omega t$ は奇関数となるため上式の2項目の積分は
0となる．したがって，フーリエ変換は

$$F(\omega) = \int_{-\infty}^{\infty} f(t) \cos \omega t \, dt = 2 \int_{0}^{\infty} f(t) \cos \omega t \, dt$$

となる．これを $f(t)$ の**フーリエ余弦変換**という．

【問題 2・8】　次の関数

$$f(t) = \begin{cases} -\dfrac{|t|}{T} + 1 & (|t| \leq T) \\ 0 & (|t| > T) \end{cases}$$

のフーリエ変換を求めよ．

　[略解]　$f(t)$ は偶関数であり，三角関数の半角の公式を用いれば，

$$F(\omega) = 2 \int_{0}^{T} \left(-\frac{t}{T} + 1\right) \cos \omega t \, dt = -\frac{2}{T} \int_{0}^{T} t \cos \omega t \, dt + 2 \int_{0}^{T} \cos \omega t \, dt$$

$$= -\frac{2}{T} \left(\left. t \cdot \frac{1}{\omega} \sin \omega t \right|_{0}^{T} - \int_{0}^{T} \frac{1}{\omega} \sin \omega t \, dt \right) + 2 \left. \frac{1}{\omega} \sin \omega t \right|_{0}^{T}$$

$$= -\frac{2}{T} \left(\frac{T}{\omega} \sin \omega T + \frac{1}{\omega} \left. \frac{1}{\omega} \cos \omega t \right|_{0}^{T} \right) + \frac{2}{\omega} \sin \omega T$$

$$= -\frac{2}{\omega T} \left\{ T \sin \omega T + \frac{1}{\omega} (\cos \omega T - 1) \right\} + \frac{2}{\omega} \sin \omega T$$

$$= \frac{2}{\omega^2 T} (1 - \cos \omega T) = \frac{4}{\omega^2 T} \cdot \frac{1 - \cos \omega T}{2} = \frac{4}{\omega^2 T} \sin^2 \frac{\omega T}{2}$$

$$= T \frac{\sin^2 \dfrac{\omega T}{2}}{\left(\dfrac{\omega T}{2}\right)^2} = T \left(\frac{\sin \dfrac{\omega T}{2}}{\dfrac{\omega T}{2}} \right)^2$$

と求まる．次のページの**図 2・16**（a），（b）に，$T = 2\pi$ のときの時間関数 $f(t)$ と
角周波数 ω の関数 $F(\omega)$ の波形を図示する．周波数分布は連続スペクトルになるこ
とが確かめられる．

2・2・4　フーリエ正弦変換

　関数 $f(t)$ が奇関数であれば，$f(t) \cos \omega t$ は奇関数であるから

$$\int_{-\infty}^{\infty} f(t) \cos \omega t \, dt = 0$$

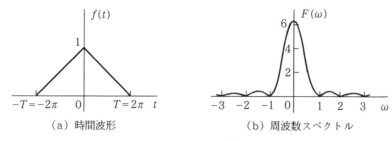

(a) 時間波形　　　　　　　(b) 周波数スペクトル

図 2・16　孤立三角波の時間波形と周波数スペクトル

$$\int_{-\infty}^{\infty} f(t)\cos\omega t\, dt = 0$$

となり，$jF(\omega)$ を新たに $F(\omega)$ としてこの場合のフーリエ変換と考えれば，

$$F(\omega) = \int_{-\infty}^{\infty} f(t)\sin\omega t\, dt = 2\int_{0}^{\infty} f(t)\sin\omega t\, dt$$

が得られる．この式を $f(t)$ の**フーリエ正弦変換**という．

2・2・5　フーリエ変換の性質

実際にフーリエ変換の計算を行う場合，まずは与えられた関数 $f(t)$ が偶関数か奇関数かを確かめ，どちらかに該当すれば **2・2・3** のフーリエ余弦変換，あるいは **2・2・4** のフーリエ正弦変換により求めればよいのであるが，さらに，これから述べるいくつかのフーリエ変換の性質を利用すれば便利である．

関数 $f(t)$ および $g(t)$ のフーリエ変換をそれぞれ $F(\omega)$，$G(\omega)$ とする．このとき，以下の性質がある．

（1）　**線形性**

$f(t)$ と $g(t)$ の線形結合のフーリエ変換は次式のようになる．

$$\mathfrak{F}[af(t)+bg(t)] = \int_{-\infty}^{\infty}\{af(t)+bg(t)\}e^{-j\omega t}dt$$
$$= a\int_{-\infty}^{\infty} f(t)e^{-j\omega t}dt + b\int_{-\infty}^{\infty} g(t)e^{-j\omega t}dt = aF(\omega)+bG(\omega)$$

ただし，a と b は定数とする．

（2）　**相似性**

t の変化に対する $f(t)$ の変化の割合が変わる場合のフーリエ変換は以下のようにして求めることができる．

$$\mathfrak{F}[f(at)] = \int_{-\infty}^{\infty} f(at)e^{-j\omega t}dt$$

ここで，$at = u$ と置けば $t = \dfrac{u}{a}$，$\dfrac{du}{dt} = a$ から $dt = \dfrac{du}{a}$ であるから置換積分を用いると次式が得られる．

$$\int_{-\infty}^{\infty} f(at)e^{-j\omega t} dt = \int_{-\infty}^{\infty} f(u)e^{-j\frac{\omega}{a}u} \cdot \frac{1}{a} du = \frac{1}{a}\int_{-\infty}^{\infty} f(u)e^{-j\frac{\omega}{a}u} du$$

$$= \frac{1}{a}F\left(\frac{\omega}{a}\right)$$

ただし，$a > 0$ とする．$a < 0$ であれば，$t : -\infty \sim \infty$ のとき $u : \infty \sim -\infty$ となるから

$$\int_{-\infty}^{\infty} f(at)e^{-j\omega t} dt = \int_{\infty}^{-\infty} f(u)e^{-j\frac{\omega}{a}u} \cdot \frac{1}{a} du = -\frac{1}{a}\int_{-\infty}^{\infty} f(u)e^{-j\frac{\omega}{a}u} du$$

$$= -\frac{1}{a}F\left(\frac{\omega}{a}\right)$$

となる．したがって，a の符号に無関係に次のようになることが分かる．

$$\mathfrak{F}[f(at)] = \frac{1}{|a|}F\left(\frac{\omega}{a}\right)$$

【例題 2-4】 $f(t)$ とそのフーリエ変換 $F(\omega)$ が与えられているとき，$f\left(\dfrac{t}{2}\right)$ のフーリエ変換を求めよ．

[解] フーリエ変換の相似性の性質を用いると，

$$\mathfrak{F}\left[f\left(\frac{t}{2}\right)\right] = 2F(2\omega)$$

が得られる．この関係を，$f(t)$ が孤立パルス波形の場合について図示するのが図 2・17 である．ただし，$T = 2\pi$ とした．パルスの幅が小さくなると，周波数特性は急峻な波形になっていく様子が分かる．

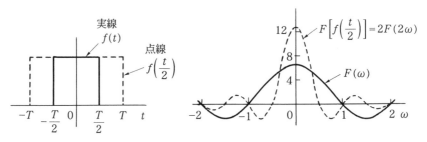

図 2・17 $f\left(\dfrac{t}{2}\right)$ のフーリエ変換（孤立パルス波形の場合）

2・2　フーリエ変換とフーリエ逆変換　　59

（3）　$f(t)$ の平行移動

$f(t)$ が t 軸に関して t_0 だけ平行移動した場合のフーリエ変換は，

$$\mathfrak{F}[f(t-t_0)] = \int_{-\infty}^{\infty} f(t-t_0) e^{-j\omega t} dt$$

と表せる．ここで，$t-t_0 = u$ と置けば $t = u+t_0$，$\dfrac{du}{dt} = 1$ から $dt = du$ であるから，

$$\int_{-\infty}^{\infty} f(t-t_0) e^{-j\omega t} dt = \int_{-\infty}^{\infty} f(u) e^{-j\omega(u+t_0)} du = e^{-j\omega t_0} \int_{-\infty}^{\infty} f(u) e^{-j\omega u} du$$
$$= e^{-j\omega t_0} F(\omega)$$

が得られ，結局

$$\mathfrak{F}[f(t-t_0)] = e^{-j\omega t_0} F(\omega)$$

となる．

【例題 2−5】　次の関数

$$f(t) = \begin{cases} 1 & (|t-2T| \le T) \\ 0 & (|t-2T| > T) \end{cases}$$

のフーリエ変換を求めよ．

　［解］　例題 2−3 の関数 $f(t)$ およびそのフーリエ変換をそれぞれ $g(t)$, $G(\omega)$ と置くと，この問題の $f(t)$ は $g(t)$ を $2T$ だけ t 軸に関して移動させたものであるから，平行移動の性質から次のように求めることができる．

$$\mathfrak{F}[f(t)] = \mathfrak{F}[g(t-2T)] = e^{-j2\omega T} G(\omega) = 2T \frac{\sin \omega T}{\omega T} e^{-j2\omega T}$$

次のページの図 2・18 に $g(t)$ を $2T$ だけずらす前とずらした後のパルス波形，およびそれらをフーリエ変換した振幅スペクトルと，位相スペクトルを示す．t 軸に関して移動しても振幅スペクトルは不変であるが，位相スペクトルは ω に比例した直線となることが分かる．

【問題 2・9】　次の関数

$$f(t) = \delta(t-1)$$

のフーリエ変換を求めよ．

　［略解］　問題 2・6 から $\mathfrak{F}[\delta(t)] = 1$ であるから，平行移動の性質を用いて，

$$F(\omega) = e^{-j\omega} \cdot 1 = e^{-j\omega}$$

となる．

（4）　$F(\omega)$ の平行移動

$F(\omega)$ が ω 軸に関して ω_0 だけ平行移動した場合のフーリエ逆変換は次のよ

60　第2章　フーリエ解析

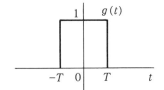
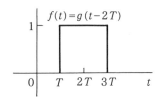

(a) 時間波形

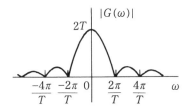
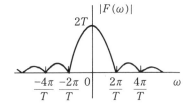

(b) 振幅スペクトル

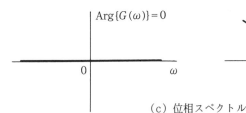
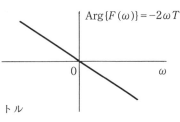

(c) 位相スペクトル

図 2・18　$f(t)$ の平行移動

うになる．

$$\mathfrak{F}^{-1}[F(\omega-\omega_0)] = \frac{1}{2\pi}\int_{-\infty}^{\infty}F(\omega-\omega_0)e^{j\omega t}d\omega$$

ここで，$\omega-\omega_0=\nu$ と置けば $\omega=\nu+\omega_0$，$\dfrac{d\nu}{d\omega}=1$ から $d\omega=d\nu$ であり，

$$\int_{-\infty}^{\infty}F(\omega-\omega_0)e^{j\omega t}d\omega = \int_{-\infty}^{\infty}F(\nu)e^{j(\nu+\omega_0)t}d\nu = e^{j\omega_0 t}\int_{-\infty}^{\infty}F(\nu)e^{j\nu t}d\nu = e^{j\omega_0 t}f(t)$$

となるから，

$$\mathfrak{F}[e^{j\omega_0 t}f(t)] = F(\omega-\omega_0)$$

が得られる．

【例題 2-6】 $f(t)$ とそのフーリエ変換 $F(\omega)$ が与えられているとき，

$f(t)\cos\omega_0 t$ のフーリエ変換を求めよ．

[解] オイラーの公式を用いて変形した後，平行移動の性質を適用して

$$f(t)\cos\omega_0 t = f(t)\frac{e^{j\omega_0 t}+e^{-j\omega_0 t}}{2} = \frac{1}{2}\{e^{j\omega_0 t}f(t)+e^{-j\omega_0 t}f(t)\}$$

$$\mathfrak{F}[f(t)\cos\omega_0 t] = \frac{1}{2}\{F(\omega-\omega_0)+F(\omega+\omega_0)\}$$

が得られる．たとえば，図 2・19（a）の周波数スペクトル $F(\omega)$ をもつ $f(t)$ が与えられたとすると，これに $\cos\omega_0 t$ を乗じた波形の周波数スペクトルは，同図（b）のようになることが分かる．

(5) 対称性

$f(t)$ のフーリエ逆変換の定義式において，t の符号を $-t$ と置き換えてみると，

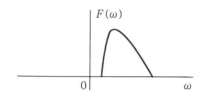

(a) $f(t)$ の周波数スペクトル

(b) $f(t)\cos\omega_0 t$ の周波数スペクトル

図 2・19 $F(\omega)$ の平行移動

$$f(-t) = \frac{1}{2\pi}\int_{-\infty}^{\infty}F(\omega)e^{-j\omega t}d\omega$$

となる．さらに，t と ω を入れ替えると，

$$2\pi f(-\omega) = \int_{-\infty}^{\infty}F(t)e^{-j\omega t}dt$$

となり，$F(t)$ のフーリエ変換は

$$\mathfrak{F}[F(t)] = 2\pi f(-\omega)$$

により求められることが分かる．

図 2・20（a）は，例題 2-3 のパルス波形 $f(t)$ とそのフーリエ変換である標本化関数 $F(\omega) = 2T\dfrac{\sin\omega T}{\omega T}$ を図示するものである．ここで，同図（b）のように周波数領域における波形が幅 $2\omega_a$，高さ 1 のパルス波形であったとすると，対称性の性質から，そのフーリエ逆変換波形は標本化関数の形をした時間波形

$$\frac{1}{2\pi}\times 2\omega_a\frac{\sin t\omega_a}{t\omega_a} = \frac{\omega_a}{\pi}\cdot\frac{\sin t\omega_a}{t\omega_a}$$

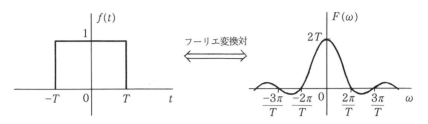

(a) パルス波形のフーリエ変換

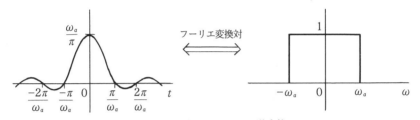

(b) パルス波形のフーリエ逆変換

図 2・20　フーリエ変換の対称性

となる．

【例題 2-7】　次の関数
$$f(t) = 1$$
のフーリエ変換を求めよ．

［解］　問題 2・6 から $\mathfrak{F}[\delta(t)] = 1$ であるから，対称性を用いると，
$$\mathfrak{F}[1] = 2\pi\delta(-\omega)$$
となり，デルタ関数には偶関数の性質 $\delta(\omega) = \delta(-\omega)$ があるので，
$$\mathfrak{F}[1] = 2\pi\delta(\omega)$$
が得られる．この場合の，時間領域と周波数領域における対称性の関係を図に示すのが次ページの図 2・21 である．

【問題 2・10】　次の関数
$$f(t) = \sin\omega_0 t$$
のフーリエ変換を求めよ．

［略解］　オイラーの公式から
$$\sin\omega_0 t = \frac{1}{j2}(e^{j\omega_0 t} - e^{-j\omega_0 t})$$

2・2　フーリエ変換とフーリエ逆変換

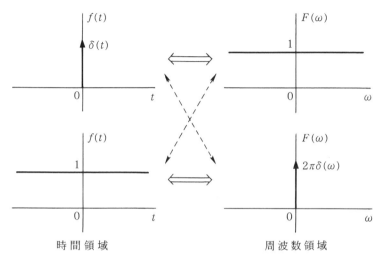

時間領域　　　　　　　　　　　　周波数領域

図 2・21　$f(t)=1$ のフーリエ変換

であるから，フーリエ変換の定義より

$$F(\omega) = \int_{-\infty}^{\infty} \sin\omega_0 t \cdot e^{-j\omega t} dt = \frac{1}{j2}\int_{-\infty}^{\infty}(e^{j\omega_0 t} - e^{-j\omega_0 t})e^{-j\omega t}dt$$

$$= \frac{1}{j2}\left\{\int_{-\infty}^{\infty}(1 \cdot e^{j\omega_0 t})e^{-j\omega t}dt - \int_{-\infty}^{\infty}(1 \cdot e^{-j\omega_0 t})e^{-j\omega t}dt\right\}$$

$$= -j\pi\{\delta(\omega-\omega_0) - \delta(\omega+\omega_0)\}$$

(6)　**$f(t)$ の微分**

$f(t)$ の導関数 $\dfrac{df(t)}{dt}$ のフーリエ変換は，フーリエ逆変換の式を微分すると

$$\frac{df(t)}{dt} = \frac{d}{dt}\left\{\frac{1}{2\pi}\int_{-\infty}^{\infty} F(\omega)e^{j\omega t}d\omega\right\} = \frac{1}{2\pi}\int_{-\infty}^{\infty}\left\{\frac{d}{dt}F(\omega)e^{j\omega t}\right\}d\omega$$

$$= \frac{j\omega}{2\pi}\int_{-\infty}^{\infty} F(\omega)e^{j\omega t}d\omega = j\omega f(t)$$

となるから，

$$\mathfrak{F}\left[\frac{df(t)}{dt}\right] = \int_{-\infty}^{\infty} j\omega f(t) e^{-j\omega t}dt = j\omega F(\omega)$$

が得られ，$f(t)$ のフーリエ変換に $j\omega$ を掛けるだけでよいことが分かる．

n 階導関数 $\dfrac{d^n f(t)}{dt^n}$ の場合も，同様の計算を繰り返すことにより，

$$\mathfrak{F}\left[\frac{d^n f(t)}{dt^n}\right] = (j\omega)^n F(\omega)$$

が得られる.

(7) $f(t)$ の積分

$f(t)$ の積分 $\int_{-\infty}^{t} f(\tau)d\tau$ のフーリエ変換についても，フーリエ逆変換の式から，

$$\int_{-\infty}^{t} f(\tau)d\tau = \int_{-\infty}^{t} \left\{\frac{1}{2\pi}\int_{-\infty}^{\infty} F(\omega)e^{j\omega\tau}d\omega\right\}d\tau = \frac{1}{2\pi}\int_{-\infty}^{\infty}\left\{\int_{-\infty}^{t} F(\omega)e^{j\omega\tau}d\tau\right\}d\omega$$

$$= \frac{1}{j2\pi\omega}\int_{-\infty}^{\infty}\left\{\left|F(\omega)e^{j\omega\tau}\right|_{-\infty}^{t}\right\}d\omega = \frac{1}{j2\pi\omega}\int_{-\infty}^{\infty} F(\omega)e^{j\omega t}d\omega = \frac{1}{j\omega}f(t)$$

となるから，

$$\mathfrak{F}\left[\int_{-\infty}^{t} f(\tau)d\tau\right] = \mathfrak{F}\left[\frac{1}{j\omega}f(t)\right] = \frac{1}{j\omega}F(\omega)$$

が得られ，$F(\omega)$ を $j\omega$ で割ればよい．

【問題 2・11】 次の関数

$$f(t) = \begin{cases} \dfrac{1}{2T}(t+T) & (-T \leq t \leq T) \\ 0 & (t < -T,\ t > T) \end{cases}$$

のフーリエ変換を求めよ (図 2・22).

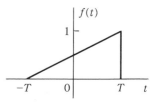

図 2・22 孤立三角波

[略解] 例題 2-3 の $f(t)$ を $g(\tau)$ と置いて $\tau : -T \sim t$ で積分すると，

$$g(\tau) = \begin{cases} 0 & (\tau < -T,\ \tau > T) \\ 1 & (-T \leq \tau \leq T) \end{cases}$$

$$\int_{-T}^{t} g(\tau)d\tau = \int_{-T}^{t} 1 \cdot d\tau = [\tau]_{-T}^{t} = (t+T)$$

となるから，$g(\tau)$ の積分のフーリエ変換の性質を用いて

$$G(\omega) = \frac{2}{\omega}\sin\omega T$$

より，

$$F(\omega) = \frac{1}{j\omega} \cdot \frac{1}{2T}G(\omega) = \frac{1}{j\omega^2 T}\sin\omega T$$

が得られる．

(8) 畳み込み積分

関数 $f(t)$ と $g(t)$ の畳み込み積分を次式で表す．

$$f(t) * g(t) = \int_{-\infty}^{\infty} f(\tau)g(t-\tau)d\tau$$

2・2　フーリエ変換とフーリエ逆変換　65

この畳み込み積分のフーリエ変換は，以下のようにして求めることができる．

$$\mathfrak{F}[f(t)*g(t)]=\mathfrak{F}\left[\int_{-\infty}^{\infty}f(\tau)g(t-\tau)d\tau\right]$$

$$=\int_{-\infty}^{\infty}\left\{\int_{-\infty}^{\infty}f(\tau)g(t-\tau)d\tau\right\}e^{-j\omega t}dt$$

2つの積分の順序を入れ替えて，

$$\mathfrak{F}[f(t)*g(t)]=\int_{-\infty}^{\infty}f(\tau)\left\{\int_{-\infty}^{\infty}g(t-\tau)e^{-j\omega t}dt\right\}d\tau$$

ここで，$u=t-\tau$ と置けば，$t=u+\tau$，$\dfrac{dt}{du}=1$ から $dt=du$ となるので，

$$\mathfrak{F}[f(t)*g(t)]=\int_{-\infty}^{\infty}f(\tau)\left\{e^{-j\omega\tau}\int_{-\infty}^{\infty}g(u)e^{-j\omega u}du\right\}d\tau$$

$$=\int_{-\infty}^{\infty}f(\tau)G(\omega)e^{-j\omega\tau}d\tau$$

$$=\int_{-\infty}^{\infty}f(\tau)e^{-j\omega\tau}d\tau\cdot G(\omega)=F(\omega)\cdot G(\omega)$$

となって，それぞれのフーリエ変換の積になる．

逆に，$F(\omega)$ と $G(\omega)$ が畳み込み積分で与えられる場合には，フーリエ逆変換は同様にして

$$\mathfrak{F}^{-1}[F(\omega)*G(\omega)]=\mathfrak{F}^{-1}\left[\int_{-\infty}^{\infty}f(\tau)g(t-\tau)d\tau\right]$$

$$=\int_{-\infty}^{\infty}\left\{\frac{1}{2\pi}\int_{-\infty}^{\infty}F(u)G(\omega-u)du\right\}e^{j\omega t}d\omega$$

$$=\int_{-\infty}^{\infty}F(u)\left\{\frac{1}{2\pi}\int_{-\infty}^{\infty}G(\omega-u)e^{j\omega t}d\omega\right\}du$$

ここで，$\nu=\omega-u$ と置いて，$\omega=\nu+u$，$d\omega=d\nu$ となるので，

$$\mathfrak{F}^{-1}[F(\omega)*G(\omega)]=\int_{-\infty}^{\infty}F(u)\left\{\frac{1}{2\pi}e^{jut}\int_{-\infty}^{\infty}G(\nu)e^{j\nu t}d\nu\right\}du$$

$$=\int_{-\infty}^{\infty}F(u)g(t)e^{jut}du$$

$$=\int_{-\infty}^{\infty}F(u)e^{jut}du\cdot g(t)=2\pi f(t)\cdot g(t)$$

となって，それぞれのフーリエ逆変換の積に 2π を掛けたものになるから，結局

$$\mathfrak{F}[f(t)\cdot g(t)]=\frac{1}{2\pi}F(\omega)*G(\omega)$$

が得られる．

以上のフーリエ変換の主な性質をフーリエ変換対としてまとめたのが**表**

66　　第2章　フーリエ解析

2·1 である.

表 **2·1**　フーリエ変換の主な性質

番号	$f(t)$	$\mathfrak{F}[f(t)]=F(\omega)$
1	$af_1(t)+bf_2(t)$	$aF_1(\omega)+bF_2(\omega)$
2	$f(at)$	$\dfrac{1}{\lvert a\rvert}F\left(\dfrac{\omega}{a}\right)$
3	$f(t-t_0)$	$e^{-j\omega t_0}F(\omega)$
4	$e^{j\omega_0 t}f(t)$	$F(\omega-\omega_0)$
5	$F(t)$	$2\pi f(-\omega)$
6	$\dfrac{d^n f(t)}{dt^n}$	$(j\omega)^n F(\omega)$
7	$\displaystyle\int_{-\infty}^{t}f(\tau)d\tau$	$\dfrac{1}{j\omega}F(\omega)$
8	$f(t)*g(t)$	$F(\omega)\cdot G(\omega)$
9	$f(t)\cdot g(t)$	$\dfrac{1}{2\pi}F(\omega)*G(\omega)$

【問題 2·12】　$f(t)\cos\omega_0 t$ のフーリエ変換を，$f(t)$ および $\cos\omega_0 t$ のフーリエ変換 $F(\omega)$，$\mathfrak{F}[\cos\omega_0 t]$ の畳み込み積分により求めよ.

[略解]　$\cos\omega_0 t$ のフーリエ変換は

$$\mathfrak{F}[\cos\omega_0 t]=\pi\{\delta(\omega-\omega_0)+\delta(\omega+\omega_0)\}$$

であるから（練習問題 **2·9** 参照），

$$\begin{aligned}
\mathfrak{F}[f(t)\cos\omega_0 t] &= \frac{1}{2\pi}F(\omega)*\mathfrak{F}[\cos\omega_0 t]\\
&= \frac{1}{2\pi}F(\omega)*\pi\{\delta(\omega-\omega_0)+\delta(\omega+\omega_0)\}\\
&= \frac{1}{2}\int_{-\infty}^{\infty}F(u)\{\delta(\omega-\omega_0-u)+\delta(\omega+\omega_0-u)\}du\\
&= \frac{1}{2}\left\{\int_{-\infty}^{\infty}F(u)\delta(\omega-\omega_0-u)du+\int_{-\infty}^{\infty}F(u)\delta(\omega+\omega_0-u)du\right\}\\
&= \frac{1}{2}\{F(\omega-\omega_0)+F(\omega+\omega_0)\}
\end{aligned}$$

が得られ，**例題 2-6** の答えと一致する.

練 習 問 題 2 (7〜12)

2・7 次の関数

$$f(t) = \begin{cases} \cos^2 t & \left(|t| \le \dfrac{\pi}{2}\right) \\ 0 & \left(|t| > \dfrac{\pi}{2}\right) \end{cases}$$

のフーリエ変換を求めよ.

[**略解**] $f(t)$ は偶関数であるから，三角関数の倍角の公式を用いると次のようになるので，各項に分けて計算した後に足し合わせればよい.

$$F(\omega) = 2\int_0^\infty f(t)e^{-j\omega t}dt = 2\int_0^{\frac{\pi}{2}} \cos^2 t \cdot \cos\omega t\,dt = \int_0^{\frac{\pi}{2}} (1+\cos 2t)\cos\omega t\,dt$$

$$= \int_0^{\frac{\pi}{2}} \cos\omega t\,dt + \int_0^{\frac{\pi}{2}} \cos 2t\cos\omega t\,dt$$

1 項目 :

$$\int_0^{\frac{\pi}{2}} \cos\omega t\,dt = \frac{1}{\omega}\Big[\sin\omega t\Big]_0^{\frac{\pi}{2}} = \frac{1}{\omega}\left(\sin\frac{\pi}{2}\omega - \sin 0\right) = \frac{1}{\omega}\sin\frac{\pi}{2}\omega$$

2 項目 :

$$\int_0^{\frac{\pi}{2}} \cos 2t\cos\omega t\,dt = \frac{1}{2}\int_0^{\frac{\pi}{2}} \{\cos(2-\omega)t + \cos(2+\omega)t\}dt$$

$$= \frac{1}{2}\left\{\int_0^{\frac{\pi}{2}} \cos(2-\omega)t\,dt + \frac{1}{2}\int_0^{\frac{\pi}{2}} \cos(2+\omega)t\,dt\right\}$$

$$= \frac{1}{2}\left\{\left[\frac{1}{2-\omega}\sin(2-\omega)t\right]_0^{\frac{\pi}{2}} + \left[\frac{1}{2+\omega}\sin(2+\omega)t\right]_0^{\frac{\pi}{2}}\right\}$$

$$= \frac{1}{2}\left\{\frac{1}{2-\omega}\sin(2-\omega)\cdot\frac{\pi}{2} + \frac{1}{2+\omega}\sin(2+\omega)\cdot\frac{\pi}{2}\right\}$$

$$= \frac{1}{2}\left\{\frac{1}{2-\omega}\sin\left(\pi - \frac{\pi}{2}\omega\right) + \frac{1}{2+\omega}\sin\left(\pi + \frac{\pi}{2}\omega\right)\right\}$$

$$= \frac{1}{2}\left(\frac{1}{2-\omega}\sin\frac{\pi}{2}\omega \quad \frac{1}{2+\omega}\sin\frac{\pi}{2}\omega\right)$$

$$= \frac{1}{2}\sin\frac{\pi}{2}\omega\cdot\left(\frac{1}{2-\omega} - \frac{1}{2+\omega}\right) = \frac{\omega}{4-\omega^2}\sin\frac{\pi}{2}\omega$$

1 項目 + 2 項目 :

$$\frac{1}{\omega}\sin\frac{\pi}{2}\omega + \frac{\omega}{4-\omega^2}\sin\frac{\pi}{2}\omega = \sin\frac{\pi}{2}\omega\cdot\left(\frac{1}{\omega} + \frac{\omega}{4-\omega^2}\right) = \frac{4}{\omega(4-\omega^2)}\sin\frac{\pi}{2}\omega$$

68   第2章　フーリエ解析

2・8　次の関数

$$f(t) = \begin{cases} -e^{at} & (t<0) \\ e^{-at} & (t \geq 0) \end{cases}$$

のフーリエ変換を求めよ．ただし，$a>0$ とする．

　[略解]　フーリエ変換の定義から

$$F(\omega) = -\int_{-\infty}^{0} e^{at}e^{-j\omega t}dt + \int_{0}^{\infty} e^{-at}e^{-j\omega t}dt = -\int_{-\infty}^{0} e^{(a-j\omega)t}dt + \int_{0}^{\infty} e^{-(a+j\omega)t}dt$$

$$= -\frac{1}{a-j\omega}\left| e^{(a-j\omega)t}\right|_{-\infty}^{0} - \frac{1}{a+j\omega}\left| e^{-(a+j\omega)t}\right|_{0}^{\infty} = -\frac{1}{a-j\omega} + \frac{1}{a+j\omega}$$

$$= \frac{-a-j\omega+a-j\omega}{a^2+\omega^2} = \frac{-j2\omega}{a^2+\omega^2}$$

が得られる．

　さらに，ここで $a \to 0$ の極限を考えると，

$$\frac{-j2\omega}{a^2+\omega^2} \to \frac{-j2\omega}{\omega^2} = \frac{-j2}{\omega} = \frac{2}{j\omega}$$

となるので，

$$f(t) = \begin{cases} -1 & (t<0) \\ 1 & (t \geq 0) \end{cases}$$

のフーリエ変換が $\dfrac{2}{j\omega}$ となることが分かる．この場合，$f(t)$ は t の符号を表している

ので，$\mathrm{sgn}(t)$ と書いて**符号関数**と呼ばれることがある．

2・9　次の関数

$$f(t) = \cos \omega_0(t-t_0)$$

のフーリエ変換を求めよ．

　[略解]　$\cos \omega_0 t$ のフーリエ変換は

$$\mathfrak{F}[\cos \omega_0 t] = \int_{-\infty}^{\infty} \cos \omega_0 t \cdot e^{-j\omega t}dt = \frac{1}{2}\int_{-\infty}^{\infty} (e^{j\omega_0 t}+e^{-j\omega_0 t})e^{-j\omega t}dt$$

$$= \frac{1}{2}\left\{ \int_{-\infty}^{\infty} (1 \cdot e^{j\omega_0 t})e^{-j\omega t}dt + \int_{-\infty}^{\infty} (1 \cdot e^{-j\omega_0 t})e^{-j\omega t}dt \right\}$$

$$= \pi\{\delta(\omega-\omega_0)+\delta(\omega+\omega_0)\}$$

平行移動の性質を用いて，

$$\mathfrak{F}[\cos \omega_0(t-t_0)] = e^{j\omega t_0}\pi\{\delta(\omega-\omega_0)+\delta(\omega+\omega_0)\}$$

となる．

　2・10　$f(t)$ とそのフーリエ変換 $F(\omega)$ が与えられているとき，$f\left(\dfrac{t-a}{b}\right)$ の
フーリエ変換を求めよ．

練 習 問 題 2　　　　　69

[略解]　$u = \dfrac{t-a}{b}$ と置けば, $\dfrac{du}{dt} = \dfrac{1}{b}$ から $dt = b \cdot du$, $t = bu + a$ であるから,

$$F(\omega) = \int_{-\infty}^{\infty} f\left(\frac{t-a}{b}\right) e^{-j\omega t} dt = \int_{-\infty}^{\infty} f(u) e^{-j\omega(bu+a)} b \cdot du$$

$$= b \int_{-\infty}^{\infty} \{f(u) e^{-jb\omega u}\} e^{-ja\omega} du = b F(b\omega) e^{-ja\omega}$$

となる.

2·11　次の関数

$$f(t) = \begin{cases} -\dfrac{1}{2} & \left(\dfrac{T}{4} < |t| \leq \dfrac{T}{2}\right) \\[2mm] \dfrac{1}{2} & \left(0 \leq |t| \leq \dfrac{T}{4}\right) \\[2mm] 0 & \left(|t| > \dfrac{T}{2}\right) \end{cases}$$

のフーリエ変換を求めよ.

[略解]　$f(t)$ は次の $g(t)$ と $h(t)$ の和と考えることができる.

$$g(t) = \begin{cases} -\dfrac{1}{2} & \left(0 \leq |t| \leq \dfrac{T}{2}\right) \\[2mm] 0 & \left(|t| > \dfrac{T}{2}\right) \end{cases}, \quad h(t) = \begin{cases} 1 & \left(0 \leq |t| \leq \dfrac{T}{4}\right) \\[2mm] 0 & \left(|t| > \dfrac{T}{4}\right) \end{cases}$$

したがって, それぞれのフーリエ変換を求めると, どちらも偶関数であるから,

$$G(\omega) = 2 \int_0^{\frac{T}{2}} \left(-\frac{1}{2}\right) \cos \omega t\, dt = -\left|\frac{1}{\omega} \sin \omega t\right|_0^{\frac{T}{2}} = -\frac{1}{\omega} \sin \frac{\omega T}{2}$$

$$H(\omega) = 2 \int_0^{\frac{T}{4}} 1 \cdot \cos \omega t\, dt = 2 \left|\frac{1}{\omega} \sin \omega t\right|_0^{\frac{T}{4}} = \frac{2}{\omega} \sin \frac{\omega T}{4}$$

となる. フーリエ変換の線形性の性質を用いると,

$$F(\omega) = G(\omega) + H(\omega) = \frac{1}{\omega}\left(2 \sin \frac{\omega T}{4} - \sin \frac{\omega T}{2}\right)$$

が得られる.

2·12　$g(t)$ と $h(t)$ が

$$g(t) = \begin{cases} \dfrac{1}{T} & \left(0 \leq |t| \leq \dfrac{T}{2}\right) \\[2mm] 0 & \left(|t| > \dfrac{T}{2}\right) \end{cases}, \quad h(t) = \begin{cases} 1 & \left(0 \leq |t| \leq \dfrac{T}{2}\right) \\[2mm] 0 & \left(|t| > \dfrac{T}{2}\right) \end{cases}$$

と与えられたとき, $f(t) = g(t) * h(t)$ を求め, さらにそのフーリエ変換を計算せよ.

[略解] $g(t) * h(t)$ は
$$f(t) = \int_{-\infty}^{\infty} g(\tau) h(t-\tau) d\tau$$
であり，2つの矩形波の畳み込み積分を考えるとよい．したがって，図 2・23 に示す

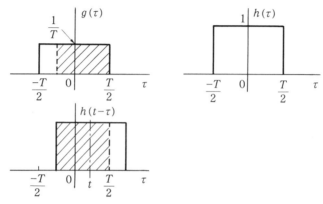

図 2・23 畳み込み積分の計算

すように，$g(\tau)$ と $h(t-\tau)$ の重なる範囲についての積の積分を，$h(t-\tau)$ の t を変化させながら求めていけば $f(t)$ が計算できる．積分変数 τ が $h(t-\tau)$ では $-\tau$ となっているため，$h(\tau)$ の波形を左右逆転させる必要があるが，この問題では左右対称であるため反転させても同形である．

$t : -T \sim 0$ の範囲では $\int_{-T}^{0} g(\tau) h(t-\tau) d\tau$ の値は，$t=-T$ のとき最小値 0，$t=0$ のとき最大値 $\dfrac{1}{T}$ となるから，

$$f(t) = \frac{1}{T} \int_{-\frac{T}{2}}^{\frac{T}{2}+t} d\tau = \left| \tau \right|_{-\frac{T}{2}}^{\frac{T}{2}+t} = \frac{1}{T} \left\{ \frac{T}{2} + t - \left(-\frac{T}{2} \right) \right\} = \frac{1}{T} t + 1$$

となる．

$t : 0 \sim T$ の範囲では同様に $\int_{0}^{T} g(\tau) h(t-\tau) d\tau$ の値は，$t=T$ のとき最小値 0，$t=0$ のとき最大値 $\dfrac{1}{T}$ をとり，

$$f(t) = \frac{1}{T} \int_{-\frac{T}{2}}^{\frac{T}{2}-t} d\tau = \frac{1}{T} \left| \tau \right|_{-\frac{T}{2}}^{\frac{T}{2}-t} = \frac{1}{T} \left\{ \frac{T}{2} - t - \left(-\frac{T}{2} \right) \right\} = -\frac{1}{T} t + 1$$

となる．

$t < -T,\ t > T$ の範囲では $\int_{-\infty}^{-T} g(\tau) h(t-\tau) d\tau = \int_{T}^{\infty} g(\tau) h(t-\tau) d\tau = 0$ である．

練 習 問 題 2　　　　71

以上より，**問題 2・8** の $f(t)$ と同じく三角形を表す関数

$$f(t) = \begin{cases} -\dfrac{|t|}{T} + 1 & (|t| \leq T) \\[2mm] 0 & (|t| > T) \end{cases}$$

が畳み込み積分の結果として得られる．

次に $f(t)$ のフーリエ変換を求めるには，$g(t)$ と $h(t)$ それぞれのフーリエ変換 $G(\omega)$ と $H(\omega)$ の積をとればよいから，

$$G(\omega) = \frac{2}{T}\int_0^{\frac{T}{2}} 1 \cdot \cos\omega t\, dt = \frac{2}{T}\left|\frac{1}{\omega}\sin\omega t\right|_0^{\frac{T}{2}} = \frac{2}{\omega T}\sin\frac{\omega T}{2}$$

$H(\omega)$ も同様に

$$H(\omega) = \frac{2}{\omega}\sin\frac{\omega T}{2}$$

となるから，結局，次のように**問題 2・8** と同じ答えが得られる．

$$F(\omega) = G(\omega)\cdot H(\omega) = \left(\frac{2}{\omega T}\sin\frac{\omega T}{2}\right)\cdot\left(\frac{2}{\omega}\sin\frac{\omega T}{2}\right) = \frac{4}{\omega^2 T}\sin^2\frac{\omega T}{2}$$

$$= T\frac{\sin^2\dfrac{\omega T}{2}}{\left(\dfrac{\omega T}{2}\right)^2} = T\,\mathrm{sinc}^2\left(\frac{\omega T}{2}\right)$$

ここで，

$$\mathrm{sinc}\left(\frac{\omega T}{2}\right) = \frac{\sin\dfrac{\omega T}{2}}{\dfrac{\omega T}{2}}$$

であり，**2・1・4** で述べた標本化関数 $\dfrac{\sin x}{x}$ は $\mathrm{sinc}(x)$ とも表され，**シンク関数**あるいは**ジンク関数**と呼ばれる．

第3章　ラプラス変換の応用

第1章ではラプラス変換について学んできましたが，この章ではラプラス変換の応用について学びます．主に線形システムへの応用について勉強していきます．

ここで，**線形システム**とは，あるシステム（系ともいう）の入力 $x_1(t), x_2(t)$ に対する出力が，それぞれ $y_1(t), y_2(t)$ であるときに，入力 $ax_1(t)+bx_2(t)$ （a, b は任意の定数）に対する出力が $ay_1(t)+by_2(t)$ になるようなシステムをいいます（重ねの理が成り立つシステムといえます）．この章を勉強することで，すでに学んだ**デルタ関数 $\delta(t)$** や**畳み込み積分** $f_1(t) * f_2(t) = f_2(t) * f_1(t)$ が線形システムの解析に大いに役立つことが理解できます．

3・1　デルタ関数 $\delta(t)$ の役割とインパルス応答 $h(t)$ および伝達関数 $H(s)$

デルタ関数 $\delta(t)$（パルス幅0，高さ無限大，面積1）は現実に存在するものではなく，数学的に定義された関数です．線形システムの特性を調べたり，信号を加工するなど工学にとって大変有益な関数です．

あるシステムの入力が $x(t)=\delta(t)$ で，その出力が $y(t)=h(t)$ であるとき，出力 $y(t)=h(t)$ をこのシステムの**インパルス応答**といいます（図 3・1）．

インパルス応答 $h(t)$ のラプラス変換 $H(s)$ をこのシステムの**伝達関数**といいます．$H(s)$ は入力 $x(t)$ に依存しないそのシステム固有のもので，システムの出力応答を調べるための強力な武器になります．

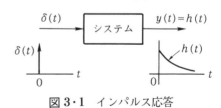

図 3・1　インパルス応答

入力 $x(t)$ のラプラス変換を $X(s)$，出力 $y(t)$ のラプラス変換を $Y(s)$ とするとき，次の関係があります（図 3・2）．

$$Y(s)=H(s)X(s)$$
$$H(s)=Y(s)/X(s)$$

それでは，次の微分方程式で表されるシステムについて，上式の

図 3・2　伝達関数

関係を見てみましょう.

入力 $x(t)$ と出力 $y(t)$ の関係が次の微分方程式

$$y''(t)+ay'(t)+by(t)=x(t) \qquad y(0)=0,\ y'(0)=0$$

ただし, a, b は定数

を満たすとします.

この式の両辺をラプラス変換すると,

$$s^2Y(s)+asY(s)+bY(s)=X(s)$$

$$Y(s)=\frac{1}{s^2+as+b}X(s)$$

となるので, このシステムの伝達関数は

$$H(s)=\frac{Y(s)}{X(s)}=\frac{1}{s^2+as+b}$$

となり, 入力 $x(t)$ に関係しないことがわかります.

この例のように, **伝達関数は出力のすべての初期値を 0**(この例では $y(0)=0$, $y'(0)=0$) にして,

$$\text{伝達関数}=\text{出力のラプラス変換}/\text{入力のラプラス変換}$$

で定義します. この定義から, $x(t)=\delta(t)$ のとき, $X(s)=1$ であるので, インパルス応答 $h(t)$ のラプラス変換 $H(s)$ は伝達関数になることがわかります. また, このシステムの入力 $x(t)$ に対する出力 $y(t)$ は

$$y(t)=\mathcal{L}^{-1}[Y(s)]=\mathcal{L}^{-1}\left[\frac{1}{s^2+as+b}X(s)\right]$$

または, 第1章で学んだように,

$$y(t)=\mathcal{L}^{-1}[Y(s)]=\mathcal{L}^{-1}[H(s)X(s)]=h(t)*x(t)$$

より求められます (図 **3・3**).

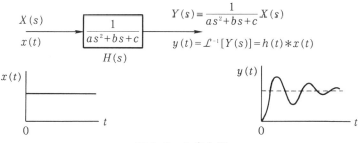

図 **3・3** 入出力例

3・2 時間領域の畳み込み積分 $f_1(t)*f_2(t)=f_2(t)*f_1(t)$ の物理的な意味

インパルス応答が $h(t)$ であるシステムの入力が $x(t)$ であるとき，その出力 $y(t)$ は $x(t)$ と $h(t)$ の畳み込み積分 $y(t)=x(t)*h(t)$ で表せることを示しましょう．第1章のラプラス変換では畳み込み積分の物理的な意味については触れていませんでした．ここではその意味について説明します．

入力 $x(t)$ を幅 $\Delta\tau$ の方形に区切ると，この微小方形波 $\lim_{\Delta\tau\to 0}x(\tau)\Delta\tau$ はインパルスと見なすことができます．時間 τ だけ遅れた単位インパルス $\delta(t-\tau)$ の応答は $h(t-\tau)$（入力と出力の関係が入力の加えられる時間に左右されないシステムを**時不変システム**という）ですから，インパルス $\lim_{\Delta\tau\to 0}x(\tau)\Delta\tau$ による応答は $\lim_{\Delta\tau\to 0}x(\tau)\Delta\tau h(t-\tau)$ となります（図 3・4 (a), (b), (c)）．時間 0〜t までのすべての微小方形波 $\lim_{\Delta\tau\to 0}x(\tau)\Delta\tau$ による応答の総和 $y(t)$ は

$$y(t)=\lim_{\Delta\tau\to 0}\sum x(\tau)\Delta\tau h(t-\tau)=\int_0^t x(\tau)h(t-\tau)d\tau$$

となり畳み込み積分が得られました．積分の範囲は，原因が生じた時間 0（時間軸の原点）から今考えている時間 t までとなります（結果が原因に先行しないシステムを**因果的システム**という）（図 3・4）．

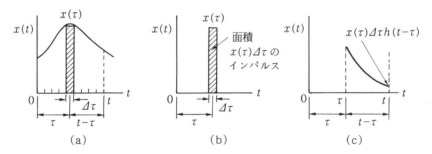

図 3・4　畳み込み積分 $x(t)*h(t)$

次に，畳み込み積分 $y(t)=h(t)*x(t)$ は以下のように考えれば納得がいくと思います．

今考えている時点 t から時間 τ だけ過去の微小方形波 $\lim_{\Delta\tau\to 0}x(t-\tau)\Delta\tau$ による応答は，単位インパルス $\delta(\tau)$ の応答が $h(\tau)$ ですから，$\lim_{\Delta\tau\to 0}h(\tau)x(t-\tau)\Delta\tau$ となります（図 3・5 (a), (b), (c)）（ここで，$h(\tau)$ は今考えている時間 t から時

間 τ だけ過去に入力された単位インパルス $\delta(\tau)$ による応答の今の時間 t での大きさです）．したがって，これまでの説明と同様な手順を経て，

$$y(t) = \lim_{\Delta\tau \to 0} \sum h(\tau) x(t-\tau) \Delta\tau = \int_0^t h(\tau) x(t-\tau) d\tau$$

となることが理解できるでしょう．

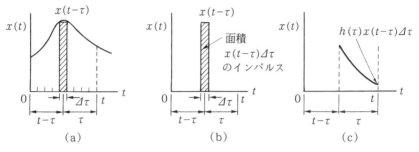

図 3・5 畳み積分 $h(t) * x(t)$

3・3 畳み込み積分の計算例

それでは，インパルス応答が $h(t)$ ($h(t)=0 : t<0, t>T$)（図 3・6(a)）のシステムに単位ステップ入力 $x(t)=u(t)$ ($u(t)=0 : t<0$) が加えられたときを例にとって，出力 $y(t)$ を畳み込み積分 $u(t) * h(t)$ を使って求めてみましょう（図 3・6(b), (c), (d)）．

図 3・6(c) に示すように，原因が生じた時間 0（時間軸の原点）から今考えている時間 t までを，区間 ($0 \leq t < T$) と区間 ($t \geq T$) に分けて考えます．

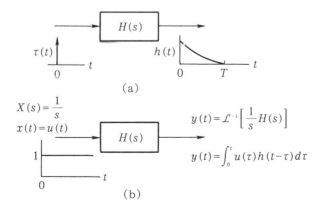

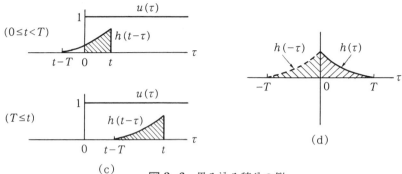

(c)

図 3・6 畳み込み積分の例

$(0 \leq t < T)$ では、 $y(t) = \int_0^t u(\tau)h(t-\tau)d\tau = \int_0^t h(t-\tau)d\tau$

$(t \geq T)$ では、 $y(t) = \int_{t-T}^t u(\tau)h(t-\tau)d\tau = \int_{t-T}^t h(t-\tau)d\tau$

図 3・6 (c) のハッチング部分の面積が $y(t)$ となります．

図 3・6 (d) に $h(\tau)$ と $h(-\tau)$ の図を示します．時間の反転は時間の原点に対して波形を折り返すことです．

【例題 3-1】 インパルス応答 $h(t) = 2e^{-t}$ $(t \geq 0)$（図 3・7 (a)）のシステムに，単位ステップ信号 $x(t) = u(t)$ が入力されたときの出力 $y(t)$ を求めよ．

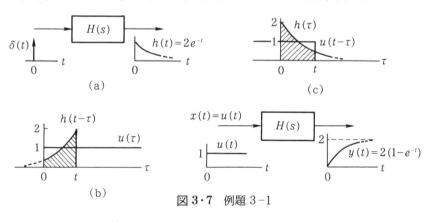

図 3・7 例題 3-1

[解] 公式 $y(t) = \int_0^t u(\tau)h(t-\tau)d\tau$ を使うと，

$$y(t) = \int_0^t u(\tau) \cdot 2e^{-(t-\tau)}d\tau = \int_0^t 2e^{-(t-\tau)}d\tau = 2e^{-t}\int_0^t e^{\tau}d\tau = 2(1-e^{-t})$$

次に，公式 $y(t)=\int_0^t h(\tau)u(t-\tau)d\tau$ を使うと，

$$y(t)=\int_0^t 2e^{-\tau}u(t-\tau)d\tau=\int_0^t 2e^{-\tau}d\tau=2(1-e^{-t})$$

計算の様子を図 **3・7**（b），（c）に，$y(t)$ の波形を **3・7**（d）に示す.

【問 **3・1**】 インパルス応答 $h(t)=t^2$ のシステムに対する入力信号 $x(t)=t$ の応答 $y(t)$ を，公式 $y(t)=\int_0^t x(\tau)h(t-\tau)d\tau$ と公式 $y(t)=\int_0^t h(\tau)x(t-\tau)d\tau$ を使って求めよ.

　［解］ $y(t)=\dfrac{1}{12}t^4$

ヒント：$y(t)=\int_0^t x(\tau)h(t-\tau)d\tau=\int_0^t \tau(t-\tau)^2 d\tau$

$$y(t)=\int_0^t h(\tau)x(t-\tau)d\tau=\int_0^t \tau^2(t-\tau)d\tau$$

3・4　畳み込み積分とラプラス逆変換の計算例

　これまでに，伝達関数 $H(s)$ と畳み込み積分 $f_1(t)*f_2(t)=f_2(t)*f_1(t)$ の物理的な意味やその計算方法について述べてきました. さらに，畳み込み積分 $f_1(t)*f_2(t)$ は $F_1(s)F_2(s)$ のラプラス逆変換で求められることも第1章で勉強しました. これらのことを，以下の例を通して理解を深めましょう.

　次の微分方程式で表されるシステムを例にとります.

$$5y'+2y=x(t)\qquad 初期条件\quad y(0)=0$$

はじめに，このシステムの伝達関数 $H(s)$ を求めてみましょう.

　式の両辺をラプラス変換し，変形すると，

$$5sY(s)+2Y(s)=X(s)$$
$$(5s+2)Y(s)=X(s)$$

この式より，$Y(s)$ と $H(s)$ が求まります.

$$Y(s)=\frac{1}{5s+2}X(s)=\frac{1}{5}\frac{1}{s+\dfrac{2}{5}}X(s)$$

$$H(s)=\frac{Y(s)}{X(s)}=\frac{1}{5}\frac{1}{s+\dfrac{2}{5}}$$

さらに，この伝達関数 $H(s)$ をラプラス逆変換するとインパルス応答

$$h(t) = \frac{1}{5} e^{-\frac{2}{5}t}$$

が求まります.

それでは，入力を具体的にステップ関数 $x(t) = 10u(t)$ としたときの出力 $y(t)$ を，次の2通りの方法で求めましょう.

① **ラプラス逆変換を使う方法**

$x(t) = 10u(t)$ より $X(s) = \dfrac{10}{s}$

$$Y(s) = H(s)X(s) = \frac{1}{5s+2} X(s) = \frac{1}{5} \frac{1}{s+\frac{2}{5}} X(s)$$

$$= \frac{1}{5} \frac{10}{s\left(s+\frac{2}{5}\right)} = 5\left(\frac{1}{s} - \frac{1}{s+\frac{2}{5}}\right)$$

$$y(t) = \mathcal{L}^{-1}[Y(s)] = \mathcal{L}^{-1}[H(s)X(s)] = \mathcal{L}^{-1}\left[5\left(\frac{1}{s} - \frac{1}{s+\frac{2}{5}}\right)\right] = 5(1-e^{-\frac{2}{5}t})$$

② **畳み込み積分を使う方法**

$$y(t) = \int_0^t 10u(\tau)h(t-\tau)d\tau = 10\int_0^t \frac{1}{5} e^{-\frac{2}{5}(t-\tau)} d\tau = 2e^{-\frac{2}{5}t}\int_0^t e^{\frac{2}{5}\tau} d\tau$$
$$= 5(1-e^{-\frac{2}{5}t})$$

または，

$$y(t) = \int_0^t h(\tau)10u(t-\tau)d\tau = 10\int_0^t \frac{1}{5} e^{-\frac{2}{5}\tau} d\tau = 2\int_0^t e^{-\frac{2}{5}\tau} d\tau$$
$$= 5(1-e^{-\frac{2}{5}t})$$

図 **3・8** に $y(t)$ の波形を示す.

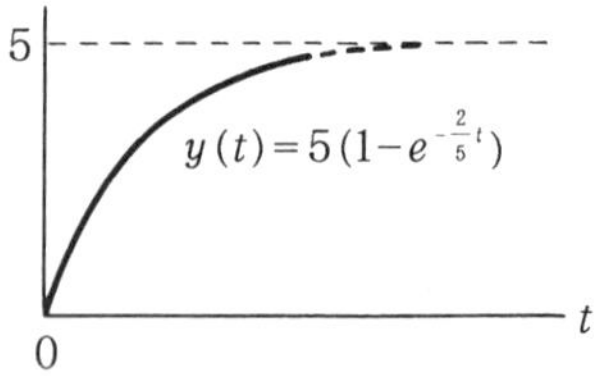

【**例題 3-2**】 伝達関数 $H(s) = 1/(s^2+1)$ のシステムの入力 $x(t) = \cos t$ に対する出力 $y(t)$ を求めよ.

［**解**］ その1．ラプラス逆変換を使って，

図 **3・8** 解法例

$$X(s) = \mathcal{L}[x(t)] = \mathcal{L}[\cos t] = \frac{s}{s^2+1}$$

$$Y(s) = H(s)X(s) = \frac{1}{s^2+1} \frac{s}{s^2+1} = \frac{s}{(s^2+1)^2}$$

$$y(t) = \mathcal{L}^{-1}[Y(s)] = \mathcal{L}^{-1}\left[\frac{s}{(s^2+1)^2}\right] = \frac{1}{2} t \sin t$$

3・4 畳み込み積分とラプラス逆変換の計算例

その 2.　畳み込み積分を使って,

伝達関数 $H(s) = 1/(s^2+1)$ のラプラス逆変換

$$h(t) = \mathcal{L}^{-1}[H(s)] = \mathcal{L}^{-1}\left[\frac{1}{s^2+1}\right] = \sin t$$

と $x(t) = \cos t$ より,

$$y(t) = \int_0^t x(\tau)h(t-\tau)d\tau = \int_0^t \cos\tau \sin(t-\tau)d\tau$$
$$= \int_0^t \frac{1}{2}(\sin t - \sin(2\tau - t))d\tau = \frac{1}{2}t\sin t$$

または,

$$y(t) = \int_0^t h(\tau)x(t-\tau)d\tau = \int_0^t \sin\tau \cos(t-\tau)d\tau$$
$$= \int_0^t \frac{1}{2}(\sin t + \sin(2\tau - t))d\tau = \frac{1}{2}t\sin t$$

となります. この結果を図 **3・9** に示す.

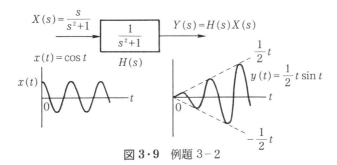

図 3・9　例題 3-2

【例題 3-3】 3・3 図 3・6 (a) の具体例として, インパルス応答が $h(t)$ ($h(t) = t : 0 \leq t < 1$, $h(t) = 0 : t < 0, t \geq 1$) のシステムに, 方形波入力 $x(t)$ ($x(t) = 1 : 0 \leq t < 1$, $x(t) = 0 : t < 0, t \geq 1$) が加わったときの出力応答 $y(t)$ を次の方法で求めよ.

1. ラプラス逆変換 $\mathcal{L}^{-1}[X(s)H(s)]$ を使って,
2. 畳み込み積分 $x(t) * h(t)$ を使って (積分の範囲は図 3・6 (c) を参考).

[解] ラプラス逆変換 $\mathcal{L}^{-1}[X(s)H(s)]$ を使って,

$$H(s) = \mathcal{L}[h(t)] = \int_0^1 te^{-st}dt = \left(\frac{1}{s^2} - \frac{1}{s}e^{-s} - \frac{1}{s^2}e^{-s}\right)$$

$$X(s) = \mathcal{L}[x(t)] = \int_0^1 e^{-st}dt = \left(\frac{1}{s} - \frac{1}{s}e^{-s}\right)$$

80　　第3章　ラプラス変換の応用

$$Y(s) = X(s)H(s) = \left(\frac{1}{s^2} - \frac{1}{s}e^{-s} - \frac{1}{s^2}e^{-s} \right) \left(\frac{1}{s} - \frac{1}{s}e^{-s} \right)$$

$$= \frac{1}{s^3} - \frac{1}{s^2}e^{-s} - 2\frac{1}{s^3}e^{-s} + \frac{1}{s^2}e^{-2s} + \frac{1}{s^3}e^{-2s}$$

$(0 \leq t < 1)$ のとき,

$$y(t) = \mathcal{L}^{-1}[Y(s)] = \mathcal{L}^{-1}\left[\frac{1}{s^3} \right] = \frac{1}{2}t^2$$

$(1 \leq t < 2)$ のとき,

$$y(t) = \mathcal{L}^{-1}[Y(s)] = \mathcal{L}^{-1}\left[\frac{1}{s^3} - \frac{1}{s^2}e^{-s} - 2\frac{1}{s^3}e^{-s} \right]$$

$$= \frac{1}{2}t^2 - (t-1) - (t-1)^2 = t - \frac{1}{2}t^2$$

$(t \geq 2)$ のとき,

$$y(t) = \mathcal{L}^{-1}[Y(s)] = \mathcal{L}^{-1}\left[\frac{1}{s^3} - \frac{1}{s^2}e^{-s} - 2\frac{1}{s^3}e^{-s} + \frac{1}{s^2}e^{-2s} + \frac{1}{s^3}e^{-2s} \right]$$

$$= \frac{1}{2}t^2 - (t-1) - (t-1)^2 + (t-2) + \frac{1}{2}(t-2)^2 = 0$$

畳み込み積分 $x(t) * h(t)$ を使って,
$(0 \leq t < 1)$ のとき,

$$y(t) = \int_0^t x(\tau)(t-\tau)d\tau = \int_0^t (t-\tau)d\tau = \frac{1}{2}t^2$$

$(1 \leq t < 2)$ のとき,

$$y(t) = \int_{t-1}^1 x(\tau)(t-\tau)d\tau = \int_{t-1}^1 (t-\tau)d\tau = t - \frac{1}{2}t^2$$

$(t \geq 2)$ のとき,

$$y(t) = 0$$

【問 3・2】　伝達関数が $H(s) = (3s+1)/(s^2+5s+6)$ のシステムの単位ステップ入力 $x(t) = u(t)$ に対する出力 $y(t)$ を求めよ.

［解］　$y(t) = \dfrac{1}{6} + \dfrac{5}{2}e^{-2t} - \dfrac{8}{3}e^{-3t}$

ヒント：$H(s) = \dfrac{3s+1}{s^2+5s+6} = -\dfrac{5}{s+2} + \dfrac{8}{s+3}$

$\qquad h(t) = -5e^{-2t} + 8e^{-3t}$

$\qquad X(s) = U(s) = \dfrac{1}{s}$

ラプラス逆変換を使って,

$$y(t)=\mathcal{L}^{-1}[U(s)H(s)]=\mathcal{L}^{-1}\left[\frac{1}{s}\frac{3s+1}{s^2+5s+6}\right]$$

より求めるか，または，畳み込み積分 $y(t)=h(t)*x(t)$, $y(t)=x(t)*h(t)$

$$y(t)=h(t)*x(t)=\int_0^t h(\tau)u(t-\tau)d\tau=\int_0^t(-5e^{-2\tau}+8e^{-3\tau})d\tau$$

または，

$$y(t)=x(t)*h(t)=\int_0^t u(\tau)h(t-\tau)d\tau=\int_0^t(-5e^{-2(t-\tau)}+8e^{-3(t-\tau)})d\tau$$

で求める．

3・5 電気・制御系の出力応答

それでは，これまでに勉強してきた伝達関数や畳み込み積分が，電気・制御系の出力応答を求めるときに，どのように使われるか見ていきましょう．**電気・機械系以外の読者の皆さんにも理解できるように説明していますので諦めずに式の展開を追ってください**．

抵抗 R，インダクタンス L，静電容量 C とそれぞれにかかる電圧 $v(t)$，およびそれぞれを流れる電流 $i(t)$ の間の関係式を示すと次のようになります（電気系以外の読者の皆さんでも物理学でお馴染みのことだと思いますが，後の説明に必要になりますので，念のために整理しておきます）．

$$v(t)=Ri(t),\ v(t)=L\frac{di(t)}{dt},\ v(t)=\frac{1}{C}\int i(t)dt$$

それでは，例題を見ていきましょう．

【例題 3-4】 R-C 直列回路（図 3・10（a））にステップ電圧 $Eu(t)$ が加えられたとき，回路に流れる電流 $i(t)$ を求めよ．ただし，コンデンサ C に初期電荷はない（$\int i(t)dt|_{t_0=0}=0$）ものとする（この例題を畳み込み積分を使わずにラ

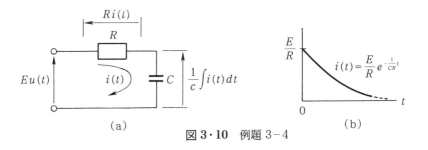

図 3・10　例題 3-4

プラス逆変換を使って解いてみます．3章末 **練習問題 3・1** はこの例題を畳み込み積分を使って解きます）．

［解］ R, C それぞれにかかる電圧は $Ri(t)$ と $\dfrac{1}{C}\int i(t)dt$ ですから，これらの電圧の和はステップ電圧 $Eu(t)$ と等しくなります．したがって，

$$\frac{1}{C}\int i(t)dt + Ri(t) = Eu(t)$$

となります．"コンデンサ C に初期電荷はない（$\int i(t)dt|_{t=0} = 0$）" に注意して，両辺をラプラス変換すると，

$$\frac{1}{Cs}I(s) + RI(s) = EU(s)$$

$$\left(\frac{1}{Cs} + R\right)I(s) = EU(s)$$

$$(1 + CRs)I(s) = CsEU(s)$$

$$I(s) = \frac{Cs}{1+CRs}EU(s) = \frac{Cs}{1+CRs}\frac{E}{s} = \frac{cE}{1+CRs}$$

$$\left(\text{伝達関数は } H(s) = \frac{I(s)}{EU(s)} = \frac{Cs}{1+CRs}\right)$$

求める電流は

$$i(t) = \mathcal{L}^{-1}[I(s)] = \mathcal{L}^{-1}\left[\frac{CE}{1+CRs}\right] = \frac{E}{R}\mathcal{L}^{-1}\left[\frac{1}{s+\dfrac{1}{CR}}\right] = \frac{E}{R}e^{-\frac{1}{CR}t}$$

となります（図 3・10 (b)）．

【例題 3-5】 $R-L$ 直列回路（図 3・11 (a)）にステップ電圧 $Eu(t)$ が加えられたとき，回路に流れる電流 $i(t)$ を求めよ（畳み込み積分を使って解いてみます．**問 3・3** はこの例題をラプラス逆変換を使って解きます）．

［解］ R, L にかかる電圧は，それぞれ，$Ri(t)$ と $L\dfrac{di(t)}{dt}$ ですから，これらの電

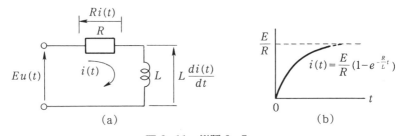

図 3・11 例題 3-5

3・5　電気・制御系の出力応答　　　83

圧の和はステップ電圧 $Eu(t)$ と等しくなります．したがって，

$$L\frac{di(t)}{dt}+Ri(t)=Eu(t)$$

となります．この回路では，L の働きにより電流は $i(0)=0$ から立ち上がることに注意して，両辺をラプラス変換すると，

$$LsI(s)+RI(s)=EU(s)$$
$$(Ls+R)I(s)=EU(s)$$

伝達関数は

$$H(s)=\frac{I(s)}{EU(s)}=\frac{1}{Ls+R}=\frac{1}{L}\,\frac{1}{s+\dfrac{R}{L}}$$

となるので，インパルス応答は

$$h(t)=\mathcal{L}^{-1}[H(s)]=\mathcal{L}^{-1}\Big[\frac{1}{L}\,\frac{1}{s+\dfrac{R}{L}}\Big]=\frac{1}{L}e^{-\frac{R}{L}t}$$

となります．畳み込み積分を使うと，求める電流 $i(t)$ は次のようになります（図3・11 (b)）．

$$i(t)=h(t)*Eu(t)=\int_0^t\frac{1}{L}e^{-\frac{R}{L}t}Eu(t-\tau)d\tau=\frac{E}{L}\int_0^t e^{-\frac{R}{L}t}d\tau=\frac{E}{R}(1-e^{-\frac{R}{L}t})$$

【問 3・3】【例題 3−5】をラプラス逆変換を使って求めよ．

ヒント：伝達関数は【例題 3−5】より，

$$H(s)=\frac{I(s)}{EU(s)}=\frac{1}{Ls+R}=\frac{1}{L}\,\frac{1}{s+\dfrac{R}{L}}$$

ステップ電圧 $Eu(t)$ のラプラス変換は $\mathcal{L}[Eu(t)]=\dfrac{E}{s}$ ですから，

$$I(s)=[H(s)EU(s)]=\frac{1}{L}\,\frac{1}{s+\dfrac{R}{L}}\,\frac{E}{s}=\frac{E}{R}\Big(\frac{1}{s}-\frac{1}{s+\dfrac{R}{L}}\Big)$$

$$i(t)=\mathcal{L}^{-1}[I(s)]$$

より求められます．

【例題 3−6】　インパルス $x(t)=\delta(t)$ 入力に対する出力が $y(t)=5e^{-t}+2e^{t}$ のシステムがある．このシステムの

1.　伝達関数 $H(s)$

2.　ステップ入力 $x(t)=10u(t)$ に対する応答 $y(t)$

を求めよ．

84   第3章　ラプラス変換の応用

［**解**］　1.　$y(t)=5e^{-t}+2e^{t}$ は単位インパルス $x(t)=\delta(t)$ 入力に対する出力であるから，インパルス応答です．したがって，$y(t)=h(t)=5e^{-t}+2e^{t}$ となり，伝達関数は

$$H(s)=\mathcal{L}[h(t)]=\mathcal{L}[5e^{-t}+2e^{t}]=\frac{5}{s+1}+\frac{2}{s-1}=\frac{7s-3}{(s+1)(s-1)}$$

となります.

　　2.　ステップ入力 $x(t)=10u(t)$ のラプラス変換は $X(s)=\dfrac{10}{s}$ であるから，出力は

$$y(t)=\mathcal{L}^{-1}[Y(s)]=\mathcal{L}^{-1}[H(s)X(s)]=h(t)*x(t)$$

となり，これを，ラプラス逆変換 $\mathcal{L}^{-1}[H(s)X(s)]$ で求めるか，または，畳み込み積分 $h(t)*x(t)$ で求めることになります.

　　ここでは，ラプラス逆変換で求めてみます.

$$y(t)=\mathcal{L}^{-1}[Y(s)]=\mathcal{L}^{-1}[H(s)X(s)]=\mathcal{L}^{-1}\left[\frac{10(7s-3)}{s(s+1)s(s-1)}\right]$$

$$=\mathcal{L}^{-1}\left[\frac{30}{s}+\frac{20}{s-1}-\frac{50}{s+1}\right]=30+20e^{t}-50e^{-t}$$

　　（畳み込み積分 $h(t)*x(t)$ による求め方は次の【**問3・4**】に残します）

　　もう一度，出力 $y(t)$ を見てください．$y(t)$ の第1項30は時間に関係しない定数，第3項 $50e^{-t}$ は時間とともに単調減衰していく値で最終的には0になります．第2項 $20e^{t}$ は時間とともに単調増加する値で最終的に無限大（発散）になります．出力が発散，または，持続振動するシステムは**不安定**であるといわれます．このようなシステムは制御量が目標値からかけ離れてしまい，場合によってはシステムを破壊することも考えられます．したがって，このようなシステムは制御系では使用されません．出力が第3項のように単調減衰していくシステムは**安定**であるといわれます．制御系にはこのようなシステムが使用されます．ここで，インパルス応答 $h(t)=5e^{-t}+2e^{t}$ を見てください．出力応答と同じ e^{-t} と e^{t} があります．これは偶然ではありません．したがって，システムの安定，不安定を調べるためにはインパルス応答を見ればよい訳です．ところで，e^{-t} と e^{t} の指数の t の係数 $(-1$ と $1)$ は伝達関数 $H(s)=\dfrac{7s-3}{(s+1)(s-1)}$ の分母の根（$H(s)$ の**極**という）になっています．このことは，システムの安定，不安定は出力応答やインパルス応答からだけではなく，伝達関数の分母の根（極）を調べればわかることになります．伝達関数の分母＝0 の式をそのシステムの**特性方程式**といいます．システムの安定，不安定は特性方程式の根を求めればわかります．特性方程式の根を示す面を **s 平面**といい，横軸が実軸で縦軸が虚軸の複素平面です．極が1つでも s 平面上の右半面（虚軸を含む）にあれば不安定

3・5 電気・制御系の出力応答   85

で，極のすべてが左半面にあれば安定です．したがって，【例題 3-6】のシステムは不安定，【問 3・2】のシステムは安定です．極によって安定，不安定が判定できる様子を図 3・12 に示しています．図 3・12 は s 平面上の極の位置と，それに対応する時間 t 平面上の曲線との関係を示しています．

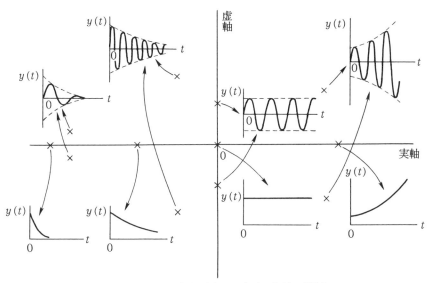

図 3・12　s 平面の極と t 平面の曲線の関係

【問 3・4】【例題 3-6】の 2. を畳み込み積分を使って求めよ．
ヒント：$h(t) = 5e^{-t} + 2e^{t}$
　　　　$x(t) = 10u(t)$
　　　　$y(t) = x(t) * h(t) = h(t) * x(t)$　　より，
　　　　$y(t) = x(t) * h(t)$
　　　　　　　$= \int_0^t 10u(\tau)(5e^{-(t-\tau)} + 2e^{(t-\tau)})d\tau = \int_0^t 10(5e^{-(t-\tau)} + 2e^{(t-\tau)})d\tau$

または，
　　　　$y(t) = h(t) * x(t)$
　　　　　　　$= \int_0^t (5e^{-\tau} + 2e^{\tau})10u(t-\tau)d\tau = \int_0^t 10(5e^{-\tau} + 2e^{\tau})d\tau$

より求める．

3・6 力学系の出力応答

3・5では電気・制御系の出力応答を勉強しました．力学系においても伝達関数や畳み込み積分はよく使われます．これまでの勉強で出力応答の計算法については十分に理解できたと思います．ここでは，力学系の伝達関数の求め方について説明します．伝達関数がわかれば出力応答はこれまでと同じ手法で求まります．**力学を専攻していない読者の皆さんにも理解できるように説明していますので諦めずに式の展開を追ってください．**

まず，物理学で学んだ基本的な関係式を整理します．

力と変位について．

1. ばね（図3・13）に加わる力 $f(t)$ と ばね の変位 $x(t)$ の関係式は
$$f(t) = Kx(t) \quad : K は ばね定数$$
この両辺のラプラス変換は次のようになります．
$$F(s) = KX(s)$$

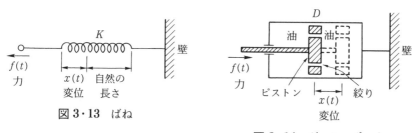

図3・13 ばね

図3・14 ダッシュポット

2. ダッシュポット（図3・14）に加わる力 $f(t)$ と変位 $x(t)$ の関係式は
$$f(t) = D\frac{dx(t)}{dt} \quad : D はダッシュポットの粘性減衰係数$$
この両辺のラプラス変換は次のようになります．
$$F(s) = DsX(s)$$

3. **質量 M の物体に加わる力 $f(t)$ と変位 $x(t)$ の関係式は**
$$f(t) = M\frac{d^2x(t)}{dt^2}$$
この両辺のラプラス変換は次のようになります．
$$F(s) = Ms^2 X(s)$$

3・6　力学系の出力応答

【例題 3-7】 図 3・15 は ばね とダッシュポットが右側の壁に並列に取り付けられている．左側の ばね とダッシュポットの接続点 a に，壁に垂直な外力 $f(t)$ が加わったとき，外力 $f(t)$ を入力，a 点の変位 $x(t)$ を出力とする伝達関数 $H(s)$ を求めよ．

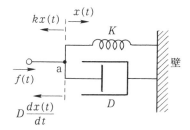

図 3・15　例題 3-7

［解］　この系の運動方程式は，ばね に働く力 $Kx(t)$ とダッシュポットに働く力 $D\dfrac{dx(t)}{dt}$ の和が外力 $f(t)$ と等しくなるので，

$$D\frac{dx(t)}{dt}+Kx(t)=f(t)$$

となり，この式をラプラス変換すると次のようになります．

$$DsX(s)+KX(s)=F(s)$$
$$(Ds+K)X(s)=F(s)$$

伝達関数は次のようになります．

$$H(s)=\frac{X(s)}{F(s)}=\frac{1}{Ds+K}$$

この伝達関数は【例題 3-5】の $R-L$ 直列回路と同じ形をしています．

　伝達関数が同じ形をしているということは，この系は電気回路に置き換えて解くことができることを意味しています．したがって，これから先の解法は【例題 3-5】と同じになります．

【例題 3-8】 図 3・16 は ばね とダッシュポットが右側の壁に並列に固定されており，左側の ばね とダッシュポットの接続点 a には質量 M の物体が取り付けられている．質量 M の物体に，壁に垂直な外力 $f(t)$ が加わったとき，外力 $f(t)$ を入力，物体 M の変位 $x(t)$ を出力とする伝達関数 $H(s)$ を求めよ．

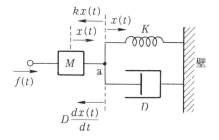

図 3・16　例題 3-8

［解］　M 物体に加速度 $\dfrac{d^2x(t)}{dt^2}$（または，M 物体に働く力 $M\dfrac{d^2x(t)}{dt^2}$）を与える力は，外力 $f(t)$ から，ばね に働く力 $Kx(t)$ とダッシュポットに働く力 $D\dfrac{dx(t)}{dt}$ を引いた

88 第3章 ラプラス変換の応用

ものです．したがって，この系の運動方程式は

$$M\frac{d^2x(t)}{dt^2}=f(t)-D\frac{dx(t)}{dt}-Kx(t)$$

となります．この式の両辺をラプラス変換すると，

$$Ms^2X(s)=F(s)-DsX(s)-KX(s)$$

$$(Ms^2+Ds+K)X(s)=F(s)$$

$$H(s)=\frac{X(s)}{F(s)}=\frac{1}{Ms^2+Ds+K}$$

となります．この系の特性方程式（$H(s)$ の分母 $=0$）は

$$Ms^2+Ds+K=0$$

s に関する2次方程式になります．したがって，この2次方程式の根（極）の値は系のパラメータ M,D,K の値によって，2実根 s_1,s_2，重根 $s_1=s_2$，複素根 $s_1,s_2=\overline{s_1}$（互いに共役根）の3種類の形態をとります．この系の安定，不安定は，図 3・12 に示している s 平面上の極の位置と，それに対応する時間 t 平面上の曲線との関係によって知ることができます．この系も R,L,C の電気回路に置き換えて解くことができます．詳細は本書の範囲を越えるので省略します．

【問 3・5】 入力 $x(t)$，出力 $y(t)$ の関係が次の微積分方程式で表されるシステムがある．このシステムの伝達関数 $H(s)$ を求めよ．

$$a\frac{dy(t)}{dt}+by(t)+c\int y(t)dt=x(t)$$

ただし，a,b,c は定数

［解］　$H(s)=\dfrac{s}{as^2+bs+c}$

ヒント：$\dfrac{dy(t)}{dt}$ のラプラス変換は $sY(s)$

$\displaystyle\int y(t)dt$ のラプラス変換は $\dfrac{1}{s}Y(s)$

3・7　偏微分方程式の解き方

ラプラス変換の応用の一つとして，微分方程式の解き方について学んできました．これまでは $y(t),f(t)$ などの1変数関数についての微分方程式でした．2変数関数の微分，たとえば，$\dfrac{\partial f(x,t)}{\partial t}$，$\dfrac{\partial f(x,t)}{\partial x}$ のラプラス変換はどのように考えればよいでしょうか．偏微分するとは，$\dfrac{\partial f(x,t)}{\partial t}$ は x を固定して t で微

分する. $\dfrac{\partial f(x,t)}{\partial x}$ は t を固定して x で微分するということですから，ラプラス変換は次のようになります.

$$\mathcal{L}\left[\frac{\partial}{\partial t}f(x,t)\right]=sF(x,s)-f(x,0)$$

$$\mathcal{L}\left[\frac{\partial}{\partial x}f(x,t)\right]=\frac{\partial}{\partial x}\mathcal{L}[f(x,t)]=\frac{\partial}{\partial x}F(x,s)$$

さらに，2階偏微分についても同様に，

$$\mathcal{L}\left[\frac{\partial^2}{\partial t^2}f(x,t)\right]=s^2F(x,s)-sf(x,0)-\frac{\partial}{\partial t}f(x,0)$$

$$\mathcal{L}\left[\frac{\partial^2}{\partial x\partial t}f(x,t)\right]=\frac{\partial}{\partial x}\mathcal{L}\left[\frac{\partial}{\partial t}f(x,t)\right]=s\frac{\partial}{\partial x}F(x,s)-\frac{\partial}{\partial x}f(x,0)$$

$$\mathcal{L}\left[\frac{\partial^2}{\partial x^2}f(x,t)\right]=\frac{\partial^2}{\partial x^2}\mathcal{L}[f(x,t)]=\frac{\partial^2}{\partial x^2}F(x,s)$$

となります.

　以上は個々の偏微分のラプラス変換ですが，偏微分方程式はどのようにして解くのでしょうか．次に解法の手順を示します.

　手順　1．上に示したように，x を固定して式の両辺をラプラス変換する.

　手順　2．1．の結果，x に関しての微分方程式が残ればこれを解く.

　手順　3．1．，2．の結果をラプラス逆変換する.

それでは，次の例題を見てみましょう.

　【例題 3-9】　次の偏微分方程式を上に述べた方法で解きます.

　この例題にとりあげた偏微分方程式は**波動方程式**といわれ，弦の振動，棒を伝わる縦波，気柱の振動（管のなかの空気の振動），電磁波，長距離電力・通信線路などの解析によくでてきます．これらの中から，長距離電力・通信線路の波動方程式を例にとります．**電気系以外の読者の皆さんは，電気工学的な意味は考えずに式の展開を見てください**．線路定数 L,C,R,G は単に定数 a,b,c,d と思い，そして，解を得るために初期条件や境界条件がどのように使われているか注意して見てください．以下の式の展開は他の波動方程式についても全く同じように適用できます.

　次の式は無損失線路（電力損失が0，したがって，線路定数は L,C のみ）の送信側から距離 x の点の線路の時間 t における電圧方程式（波動方程式）です．ただし，L,C は線路の単位長さあたりの値である.

90 第3章 ラプラス変換の応用

$$\frac{\partial^2}{\partial x^2}v(x,t)=LC\frac{\partial^2}{\partial t^2}v(x,t) \quad : \quad \text{初期条件 } v(x,0)=0,\ \frac{\partial}{\partial t}v(x,0)=0$$

[解] 手順 1. xを固定して式の両辺をラプラス変換する.

上述の式

$$\mathcal{L}\left[\frac{\partial^2}{\partial x^2}f(x,t)\right]=\frac{\partial^2}{\partial x^2}\mathcal{L}[f(x,t)]=\frac{\partial^2}{\partial x^2}F(x,s)$$

$$\mathcal{L}\left[\frac{\partial^2}{\partial t^2}f(x,t)\right]=s^2F(x,s)-sf(x,0)-\frac{\partial}{\partial t}f(x,0)$$

より,波動方程式のラプラス変換は次のようになります.

$$\frac{\partial^2}{\partial x^2}V(x,s)-LC(s^2V(x,s)-sv(x,0)-v'(x,0))=0$$

初期条件より,

$$\frac{\partial^2}{\partial x^2}V(x,s)-LCs^2V(x,s)=\frac{\partial^2}{\partial x^2}V(x,s)-p^2V(x,s)=0,$$

$$p^2=LCs^2$$

手順 2. 1.の結果,xに関しての微分方程式が残ればこれを解く.

この式は微積分学で馴染みの,xに関する定数係数の2階微分方程式になっています.一般解は次のようになることがわかっています.

$$\frac{\partial^2}{\partial x^2}V(x,s)-p^2V(x,s)=0$$

$$V(x,s)=Ae^{-px}+Be^{px}$$

ここで,積分定数A,Bはsの関数です.これらの積分定数A,Bは境界条件から求められます.たとえば,境界条件を次のように設定しましょう.

境界条件

1. 線路は半無限長$x\geq0$であり,$x\to\infty$で,$v(x,t)$は有限の大きさ.

2. 送信側$(x=0)$から電圧$v(0,t)=e_0(t)$が入力された.

 (両辺のラプラス変換は$V(0,s)=E_0(s)$に注意)

1.より,$x\to\infty$で,$v(x,t)$が有限の大きさであるためには$B=0$.

2.より,$x\to0$で,$V(0,s)=E_0(s)=Ae^0=A$

以上のことから,次の式が得られます.

$$V(x,s)=E_0(s)e^{-px}=E_0(s)e^{-sx\sqrt{LC}}$$

手順 3. 2.の結果をラプラス逆変換する.

この式をラプラス逆変換すると,求める解は$(E_0(s)e^{-sx\sqrt{LC}}$のラプラス逆変換の求め方については第1章に述べています)

$$v(x,t)=e_0(t-x\sqrt{LC}) \quad : t>x\sqrt{LC}$$

となります．$e_0(t)$ は $t>0$ の場合に存在して，$t>0$ の場合には存在しません．したがって，$t<x\sqrt{LC}$ のときは $v(x,t)=0$ になることに注意しましょう．何故ならば，線路の x 点には，今の時間 t にまだ波（電圧）が来ていないからです．それは，この電圧 $v(x,t)=e_0(t-x\sqrt{LC})$ は速さ $\dfrac{1}{\sqrt{LC}}$ で距離 x の正の方向に進む波（**進行波**という）になっているからです（図 3・17）．

（速さ $\dfrac{1}{\sqrt{LC}}$ で距離 x の正の方向に進む波？ 疑問に思う読者の皆さんはもう少し先まで読んで下さい．解決のヒントがあります）

この例題では，線路は半無限長 $x≥0$ と仮定しました．もし，線路が半無限長と

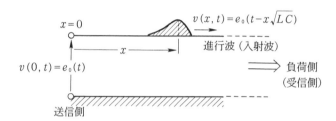

図 3・17 半無限長電力・通信線路

して扱えない場合（有限長として扱う場合）は，積分定数 $B≠0$ となります．このときは，積分定数 A, B は，例題のようにして，その線路の境界条件から求められます．今，積分定数 A, B が求められたとして，そのラプラス逆変換を

$$\mathcal{L}^{-1}[A(s)]=f_A(t)$$
$$\mathcal{L}^{-1}[B(s)]=f_B(t)$$

とします．これをもとに，あらためて

$$V(x,s)=Ae^{-px}+Be^{px}$$
$$\text{ただし，}p^2=LCs^2$$

をラプラス逆変換すると，その結果は次式となります．

$$v(x,t)=f_A(t-x\sqrt{LC})+f_B(t+x\sqrt{LC})$$

この式の意味するところは，右辺第1項は，例題と同じように速さ $\dfrac{1}{\sqrt{LC}}$ で距離 x の正の方向（送信側から負荷側）に進む波（**入射波**という）であり，右辺第2項は，例題には存在しなかったもので，速さ $\dfrac{1}{\sqrt{LC}}$ で距離 x の負の方向（負荷側から送信側）

に進む波（反射波という）になっています．したがって，線路には，この両者の進行波の和（合成）の電圧がかかっています．この入射波，反射波は長距離電力・通信線路だけに起きる現象ではありません．波動方程式を満たすすべての物理現象についていえることです．

$$v(x, t) = f_A\left(t - x\sqrt{LC}\right) + f_B\left(t + x\sqrt{LC}\right)$$

が，"速さ $\dfrac{1}{\sqrt{LC}}$ で距離 x の正の方向に進む波と，速さ $\dfrac{1}{\sqrt{LC}}$ で距離 x の負の方向に進む波"になっていることの証明は読者の皆さんに残しますが，次のヒントを見てください．

（ヒント：時間 t における任意の距離 x の点での波の大きさ $f_A\left(t - x\sqrt{LC}\right)$ と時間が t_0（$t_0 > 0$）だけ通過した時刻 $t + t_0$ での，距離 $x + \dfrac{1}{\sqrt{LC}} t_0$ の点の波の大きさを比べてください．等しくなっていませんか．このことは何を意味するでしょうか）

【例題 3-8】は無損失の線路であるために，電圧は歪もなく，かつ，減衰なしに線路上を進行します．つまり，送信側（$x = 0$）から，入力された電圧 $v(0, t) = e_0(t)$ のまま負荷に向かって進行していきます．次の【問 3・6】は，線路定数 L, C の他に R, G（コンダクタンス）があるために，歪はないが減衰しながら進行する波（電圧）についての問題です．

【問 3・6】 次の式で示される電圧 $v(x, t)$ を求め，歪はないが減衰しながら進行する波（電圧）であることを示せ（このような線路を**無歪線路**という）．

$$V(x, s) = E_0(s)\, e^{-sx\sqrt{LC}}\, e^{-xR\sqrt{C/L}}$$

ただし，$\mathcal{L}^{-1}[E_0(s)] = e_0(t)$ とし，線路定数 L, C, R, G は線路の単位長さあたりの値で，$CR = LG$ の関係があるとする．

［解］ $v(x, t) = e^{-xR\sqrt{C/L}} e_0\left(t - x\sqrt{LC}\right)$ 　　　ただし，$t > x\sqrt{LC}$

$e^{-xR\sqrt{C/L}}$ は，距離 x の増加とともに，波 $v(x, t)$ が形を変えることなく減衰していくことを意味し，$e_0\left(t - x\sqrt{LC}\right)$ は速さ $\dfrac{1}{\sqrt{LC}}$ で距離 x の正の方向に進む波を意味しています．

【問 3・6】の式の意味：この式は次のような過程を経て得られます．

次の偏微分方程式は線路の電圧に関する式（電圧方程式）です．

$$\frac{1}{LC}\frac{\partial^2}{\partial x^2}v(x, t) = \frac{\partial^2}{\partial t^2}v(x, t) + \left(\frac{R}{L} + \frac{G}{C}\right)\frac{\partial v(x, t)}{\partial t} + \frac{RG}{LC}v(x, t)$$

初期条件を

$$v(x, 0) = 0, \quad \frac{\partial}{\partial t}v(x, 0) = 0$$

3・7 偏微分方程式の解き方　　　93

とし，

　境界条件を

1. 線路は半無限長 $x \geq 0$ であり，$x \to \infty$ で，$v(x, t)$ は有限の大きさ．

2. 送信側 $(x = 0)$ から電圧 $v(0, t) = e_0(t)$ が入力された．

とします．

　上式（偏微分方程式）をラプラス変換すると，x に関する次の2階微分方程式が得られます．

$$\frac{\partial^2}{\partial x^2} V(x, s) - (Ls + R)(Cs + G) V(x, s) = 0$$

（この式が得られることを確認してみましょう．ラプラス変換の練習になります）

　$CR = LG$ の関係があるとき，この微分方程式の一般解は次のようになります．

$$V(x, s) = A e^{-\gamma(Ls+R)x} + B e^{\gamma(Ls+R)x}$$

$$\text{ただし，} \gamma^2 = \frac{C}{L} = \frac{G}{R}$$

　積分定数 A, B は境界条件から，

$$B = 0, \quad A = E_0(s)$$

となり，これより【問 3・6】の式，

$$V(x, s) = E_0(s) e^{-sx\sqrt{LC}} e^{-xR\sqrt{C/L}}$$

が得られます．この式をラプラス逆変換すると解 $v(x, t)$ が求まります．さらに補足すると，次の連立偏微分方程式

$$\frac{\partial y}{\partial x} + a \frac{\partial z}{\partial t} + bz = 0$$

$$\frac{\partial z}{\partial x} + c \frac{\partial y}{\partial t} + dy = 0$$

$$\text{ただし，} a, b, c, d \text{ は定数}$$

から，

$$\frac{1}{ac} \frac{\partial^2}{\partial x^2} y(x, t) = \frac{\partial^2}{\partial t^2} y(x, t) + \left(\frac{b}{a} + \frac{d}{c} \right) \frac{\partial y(x, t)}{\partial t} + \frac{bd}{ac} y(x, t)$$

が得られ，$y(x, t) = v(x, t)$，および $a = L$，$b = R$，$c = C$，$d = G$ と置けば，

　【問 3・6】の式の元になる偏微分方程式（電圧方程式）が得られます．

94   第3章　ラプラス変換の応用

練 習 問 題 3

3・1　R-C 直列回路（図 3・10 (a)）にステップ電圧 $Eu(t)$ が加えられたとき，回路に流れる電流 $i(t)$ を畳み込み積分を使って求めよ．ただし，コンデンサ C に初期電荷はないものとする．

［解］【例題 3-3】の解より伝達関数は求められている．

$$H(s) = \frac{I(s)}{EU(s)} = \frac{Cs}{1+CRs}$$

出力応答は

$$h(t) = \mathcal{L}^{-1}[H(s)] = \mathcal{L}^{-1}\left[\frac{Cs}{1+CRs}\right] = \frac{1}{R}\mathcal{L}^{-1}\left[1 - \frac{1/CR}{s+1/CR}\right]$$

$$= \frac{1}{R}\left(\delta(t) - \frac{1}{CR}e^{-\frac{1}{CR}t}\right)$$

求める電流 $i(t)$

$$i(t) = h(t) * Eu(t) = \int_0^t \frac{E}{R}\left(\delta(\tau) - \frac{1}{CR}e^{-\frac{1}{CR}\tau}\right)u(t-\tau)d\tau$$

$$= \int_0^t \frac{E}{R}\left(\delta(\tau) - \frac{1}{CR}e^{-\frac{1}{CR}\tau}\right)d\tau = \frac{E}{R}e^{-\frac{1}{CR}t}$$

3・2　図 3・12 はシステムの特定方程式の根が複素平面 s 上のどの位置にあれば安定で，どの位置にあれば不安定かを判定するものである．時間 t 平面と対比しながらその理由を述べよ．

［解］　省略（伝達関数 $H(s)$ をラプラス逆変換したときに時間関数 $h(t)$ がどのような式になるか考えよ）．

3・3　図 3・12 において，極が虚軸から左側へ離れるほど出力応答 $y(t)$ の減衰の度合いが大きくなっている．また，右側へ離れるほど出力応答 $y(t)$ の発散の度合いが大きくなっている．さらに，実軸から離れるほど出力応答 $y(t)$ の振動（周波数）が高くなる．この理由を述べよ．

［解］　省略（時間関数 $h(t)$ がどのような式になるか考えよ）．

3・4　【問 3・1】のインパルス応答 $h(t)=t^2$ のシステムに対する入力信号 $x(t)=t$ の応答 $y(t)$ を，ラプラス変換を使って求めよ．

［解］　$H(s) = \mathcal{L}[h(t)] = \mathcal{L}[t^2] = \dfrac{2}{s^3}$

$\qquad X(s) = \mathcal{L}[t] = \dfrac{1}{s^2}$

練 習 問 題 3　　　　95

$$Y(s) = H(s)X(s) = \frac{2}{s^3}\frac{1}{s^2} = \frac{2}{s^5}$$

$$y(t) = \mathcal{L}^{-1}[Y(s)] = \mathcal{L}^{-1}\left[\frac{2}{s^5}\right] = \frac{1}{12}t^4$$

3·5 図 3·18 は物理学でよく見る問題です．天井に吊された ばね に質量 M の物体が取り付けられています．物体 M を ば ね の自然の長さまで持ち上げて静かに手を離し た．その後の物体 M の変位 $x(t)$ を求めよ．

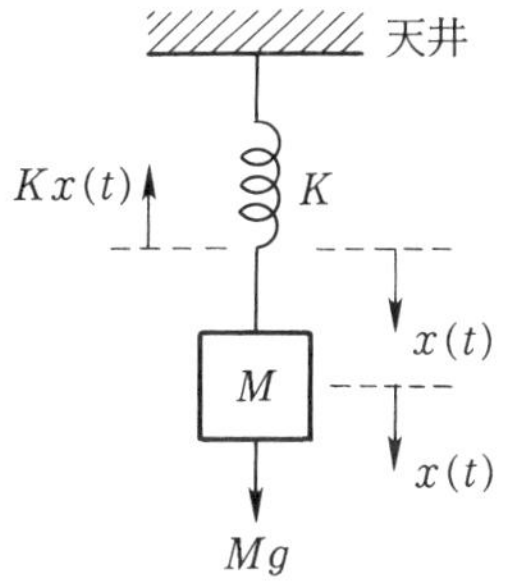

［解］　運動方程式は

$$M\frac{d^2x}{dt^2} = Mg - kx$$

初期条件　$x(0) = 0,\ x'(0) = 0$

$$M\frac{d^2x}{dt^2} + kx = Mg$$

$$(Ms^2 + k)X(s) = \frac{Mg}{s}$$

図 3·18　練習問題 3-5

$$X(s) = \frac{Mg}{s}\frac{1}{Ms^2+k} = \frac{g}{s}\frac{1}{s^2+\frac{k}{M}} = \frac{Mg}{k}\left[\frac{1}{s} - \frac{s}{s^2+\left(\sqrt{\frac{k}{M}}\right)^2}\right]$$

$$x(t) = \mathcal{L}^{-1}[X(s)] = \frac{Mg}{K}\left(1 - \cos\sqrt{\frac{K}{M}}t\right)$$

3·6 次の連立積分方程式において，$x(t)$ を入力，$y(t)$ を出力とするとき の伝達関数 $H(s)$ を求めよ．

$$x(t) - y(t) = az(t)$$

$$bz(t) + c\int z(t)\,dt = y(t)$$

ただし，定数 $a, b, c > 0$

［解］　両辺をラプラス変換すると，

$$X(s) - Y(s) = aZ(s)$$

$$bZ(s) + c\frac{1}{s}Z(s) = Y(s)$$

$$\frac{1+sT_2}{1+sT_1}X(s) = Y(s)$$

$$H(s) = \frac{Y(s)}{X(s)} = \frac{1+sT_2}{1+sT_1}$$

ただし，$T_1 = \frac{1}{c}(a+b),\ T_2 = \frac{1}{c}b$

96　　　　　　第3章　ラプラス変換の応用

3・7　次の連立微積分方程式において，$x(t)$ を入力，$y(t)$ を出力とするとき，出力 $y(t)$ が振動しながら安定するための条件を求めよ.

$$a(y(t)+z(t))+c\int z(t)dt=x(t)$$

$$b\frac{dy(t)}{dt}=c\int z(t)dt$$

ただし，定数 $a,b,c>0$

［解］　両辺のラプラス変換は，

$$a(Y(s)+Z(s))+c\frac{1}{s}Z(s)=X(s)$$

$$bsY(s)=c\frac{1}{s}Z(s)$$

この式を整理すると，

$$\left(\frac{ab}{c}s^2+bs+a\right)Y(s)=X(s)$$

伝達関数は，

$$H(s)=\frac{Y(s)}{X(s)}=\frac{1}{\left(\dfrac{ab}{c}s^2+bs+a\right)}$$

特性方程式は，

$$\left(\frac{ab}{c}s^2+bs+a\right)=0$$

根 s_1,s_2 は，

$$(s_1,s_2)=-\frac{c}{2a}\pm\sqrt{\left(\frac{c}{2a}\right)^2-\frac{c}{b}}$$

より，

$$\left(\frac{c}{2a}\right)^2<\frac{c}{b}$$

のとき，根は複素数 $s_1,s_2=\overline{s_1}$ となり，その実数部は $-\dfrac{c}{2a}<0$ であるため，出力 $y(t)$ は振動しながら減衰して安定する.

第4章 フーリエ級数・フーリエ変換の応用

第3章ではラプラス変換がどの分野に応用されているかを勉強してきました．フーリエ級数・フーリエ変換は信号処理，音響，振動，ノイズの除去，CG，CTスキャナーなど多くの分野に応用されています．

ラプラス変換は時間領域の関数を複素数領域の関数へ変換することでしたが，変換された関数には物理的な意味はありません．しかし，これまで見てきたように多くの分野で応用されています．フーリエ級数・フーリエ変換は時間領域から周波数領域へ変換します．我々人間はおおむね時間領域で物事を見ていますが，周波数領域へ変換することで今まで見えなかったものが見えてきます．身近な例では，音声の周波数スペクトル分析があり，スマートフォンやオーディオプレイヤーのイコライザ機能，あるいは犯罪捜査の声紋鑑定などに利用されています．これらは，我々が耳にする音声の特徴を周波数スペクトルの特徴として捉えるものです．

4・1 熱伝導方程式の解法

（1） フーリエ級数による解法

図4・1のような長さ L の棒の時刻 t，長さ x における温度 $u(x, t)$ は，熱伝導現象により熱が高温側から低温側へ伝わるため，

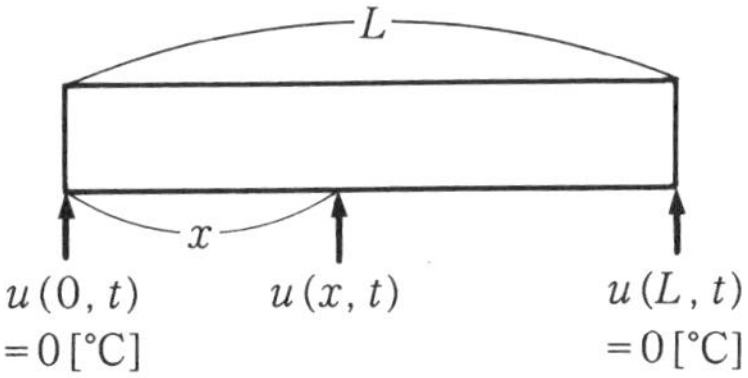

図4・1 長さ L の棒

$$\frac{\partial u}{\partial t} = \lambda^2 \frac{\partial^2 u}{\partial x^2} \quad (0 < x < L, \ t > 0)$$

で表されることが知られています．この式は**熱伝導方程式**と呼ばれ，J. B. J. フーリエ（1768 – 1830）により導出され，フーリエ解析を用いて解かれました．ここでは，棒の両端の温度 0[℃] と，$t = 0$ での温度分布 $f(x)$ が与えられているとします．λ は定数です．フーリエ級数を利用した解法は以下の通りです．

与えられた条件をまとめておきます．

初期条件：$u(x, 0) = f(x)$

境界条件：$u(0, t) = u(L, t) = 0$

98　　　　　第4章　フーリエ級数・フーリエ変換の応用

$u(x, t)$ を $u(x, t) = X(x) T(t)$ と置けば，

$$\frac{\partial u}{\partial t} = X(x) T'(t), \quad \frac{\partial^2 u}{\partial x^2} = \frac{\partial}{\partial x} X'(x) T(t) = X''(x) T(t)$$

となるので，熱伝導方程式に代入すると

$$X(x) T'(t) = \lambda^2 X''(x) T(t)$$

となり，

$$\frac{T'(t)}{\lambda^2 T(t)} = \frac{X''(x)}{X(x)} = \mu$$

の変数分離形にします．ここで，μ は定数です．この関係から，2つの微分方程式

$$T'(t) - \mu \lambda^2 T(t) = 0, \quad X''(x) - \mu X(x) = 0$$

が得られます．μ の値によって場合分けして解を求めます．

（ⅰ）　$\mu = 0$ の場合

$T'(t) = 0$ より，第1式の一般解は

$$T(t) = c \quad (c \text{ は定数})$$

となります．次に $X''(x) = 0$ より，第2式の一般解は

$$X(x) = c_1 x + c_2 \quad (c_1, c_2 \text{ は定数})$$

ですから，$u(x, t)$ は

$$u(x, t) = X(x) T(t) = c (c_1 x + c_2) = C_1 x + C_2$$

となります．ただし，$C_1 = c c_1$, $C_2 = c c_2$ と置いています．

　この式に境界条件を代入してみましょう．

$$u(0, t) = C_1 \times 0 + C_2 = 0$$

から $C_2 = 0$ が得られます．また，

$$u(L, t) = C_1 \times L + 0 = 0$$

から $C_1 = 0$ となり，結局

$$u(x, t) = 0$$

の自明な解になります．

（ⅱ）　$\mu > 0$ の場合

$\mu = k^2$ と置けば，第1式

$$T'(t) - k^2 \lambda^2 T(t) = 0$$

の一般解は次のようになります．

$$T(t) = c e^{k^2 \lambda^2 t} \quad (c \text{ は定数})$$

第2式は $X''(x) - k^2 X(x) = 0$ ですから，一般解は

$$X(x) = c_1 e^{kx} + c_2 e^{-kx} \quad (c_1, c_2 \text{ は定数})$$

となります．これらから，$u(x, t)$ は

$$u(x, t) = X(x)T(t) = c e^{k^2 \lambda^2 t}(c_1 e^{kx} + c_2 e^{-kx}) = C_1 e^{k^2 \lambda^2 t + kx} + C_2 e^{k^2 \lambda^2 t - kx}$$

となります．ただし，$C_1 = cc_1$, $C_2 = cc_2$ としています．

境界条件から

$$u(0, t) = C_1 e^{k^2 \lambda^2 t + kx} + C_2 e^{k^2 \lambda^2 t - kx} = (C_1 + C_2) e^{k^2 \lambda^2 t} = 0$$

ですから $C_1 + C_2 = 0$ であり，$C_1 = -C_2$ をもう一方の境界条件に代入すると

$$u(L, t) = C_1 e^{k^2 \lambda^2 t + kL} + C_2 e^{k^2 \lambda^2 t - kL} = C_1 e^{k^2 \lambda^2 t}(e^{kL} - e^{-kL}) = 0$$

となり，$C_1 = C_2 = 0$ が得られます．したがって，（ⅰ）と同様に自明な解

$$u(x, t) = 0$$

となります．

（ⅲ） $\mu < 0$ の場合

$\mu = -k^2$ と置くと，第1式は

$$T'(t) + k^2 \lambda^2 T(t) = 0$$

であり，一般解は

$$T(t) = c e^{-k^2 \lambda^2 t} \quad (c \text{ は定数})$$

です．第2式は次式のようになります．

$$X''(x) + k^2 X(x) = 0$$

この一般解は，

$$X(x) = c_1 \cos kx + c_2 \sin kx \quad (c_1, c_2 \text{ は定数})$$

ですから，これらより $u(x, t)$ は

$$u(x, t) = X(x)T(t) = c e^{-k^2 \lambda^2 t}(c_1 \cos kx + c_2 \sin kx)$$
$$= e^{-k^2 \lambda^2 t}(C_1 \cos kx + C_2 \sin kx)$$

となります．ただし，$C_1 = cc_1$, $C_2 = cc_2$ としています．

境界条件を代入すると

$$u(0, t) = C_1 e^{-k^2 \lambda^2 t} = 0$$

から $C_1 = 0$ であり，もう一方の境界条件から

$$u(L, t) = C_2 e^{-k^2 \lambda^2 t} \sin kL = 0$$

ですから，$C_2 \neq 0$ となる解を得るには $\sin kL = 0$ を満たす必要があります．したがって，$n = 1, 2, 3, \cdots$ に対して $\sin n\pi = 0$ より

100　　　第4章　フーリエ級数・フーリエ変換の応用

$$k = k_n = \frac{n\pi}{L} \quad (n = 1, 2, 3, \cdots)$$

となり，境界条件によって定まる k_n を**固有値**，固有値を用いた関数 $\sin\dfrac{n\pi x}{L}$ を**固有関数**と呼びます．この値を用いた解

$$u_n(x, t) = b_n \sin \frac{n\pi x}{L} e^{-\left(\frac{n\lambda\pi}{L}\right)^2 t} \quad (b_n \text{ は定数})$$

も偏微分方程式（熱伝導方程式）の解となっていますから，これらを足し合わせたものも解となっています．線形微分方程式で独立な解が複数ある場合，それらの1次結合もまた解となることを**重ね合わせの原理**と呼びます．したがって，この原理から次の一般解が得られます．

$$u(x, t) = \sum_{n=1}^{\infty} b_n \sin \frac{n\pi x}{L} e^{-\left(\frac{n\lambda\pi}{L}\right)^2 t}$$

初期条件は $u(x, 0) = f(x)$ でしたから，これを一般解に代入すれば

$$u(x, 0) = \sum_{n=1}^{\infty} b_n \sin \frac{n\pi x}{L} = f(x)$$

となり，フーリエ正弦級数展開の式が得られます．したがって，係数 b_n は

$$b_n = \frac{2}{L} \int_0^L f(x) \sin \frac{n\pi x}{L} dx \quad (n = 1, 2, 3, \cdots)$$

により求めることができます．これらの b_n を $u(x, t)$ の一般解に代入すると，与えられた条件（初期条件と境界条件）を満たす解が得られます．

（2）　フーリエ変換による解法

次に，長さ無限大の棒 $(-\infty < x < \infty)$ について，同じ熱伝導方程式をフーリエ変換を用いて解いてみましょう．

まず，$u(x, t)$ の x に関するフーリエ変換を $U(\omega, t)$ とすると，

$$U(\omega, t) = \int_{-\infty}^{\infty} u(x, t) e^{-j\omega x} dx$$

となります．この $U(\omega, t)$ を t で偏微分すれば，

$$\frac{\partial U(\omega, t)}{\partial t} = \frac{\partial}{\partial t} \int_{-\infty}^{\infty} u(x, t) e^{-j\omega x} dx = \int_{-\infty}^{\infty} \frac{\partial u(x, t)}{\partial t} e^{-j\omega x} dx$$

となり，$\dfrac{\partial u(x, t)}{\partial t}$ を熱伝導方程式の右辺で置き換え，さらにフーリエ変換の性質から $\mathfrak{F}\left[\dfrac{d^2 f(t)}{dt^2}\right] = (j\omega)^2 F(\omega) = -\omega^2 F(\omega)$ を用いて変形すると，

$$\frac{\partial U(\omega, t)}{\partial t} = \int_{-\infty}^{\infty} \lambda^2 \frac{\partial^2 u(x, t)}{\partial x^2} e^{-j\omega x} dx = -\lambda^2 \omega^2 U(\omega, t)$$

が得られます。この偏微分方程式

$$\frac{\partial U(\omega, t)}{\partial t} = -\lambda^2 \omega^2 U(\omega, t)$$

の解は

$$U(\omega, t) = c\, e^{-\lambda^2 \omega^2 t} \qquad (c\ \text{は定数})$$

ですから、初期条件 $u(x, 0) = f(x)$ をフーリエ変換した条件式 $U(\omega, 0) = F(\omega)$ から、

$$U(\omega, 0) = c = F(\omega)$$

となり、

$$U(\omega, t) = F(\omega)\, e^{-\lambda^2 \omega^2 t}$$

が得られます。畳み込み積分のフーリエ変換の性質は、$\mathfrak{F}[f(t) * g(t)] = F(\omega) \cdot G(\omega)$ でしたから、$\mathfrak{F}^{-1}[F(\omega) \cdot G(\omega)] = f(t) * g(t)$ の関係を用いて両辺のフーリエ逆変換を求めると次のようになります。

$$u(x, t) = f(x) * \mathfrak{F}^{-1}[e^{-\lambda^2 \omega^2 t}]$$

ここで、指数関数 e^z を $\exp(x)$ と表すことにして、$\mathfrak{F}^{-1}[e^{-a\omega^2}]$ を求めてみます。ただし、$a = \lambda^2 t$ と置くと、与えられた条件 $t > 0$ より $a > 0$ となります。

$$\begin{aligned}
\mathfrak{F}^{-1}[\exp(-a\omega^2)] &= \frac{1}{2\pi} \int_{-\infty}^{\infty} \exp(-a\omega^2) \exp(j\omega x)\, d\omega \\
&= \frac{1}{2\pi} \int_{-\infty}^{\infty} \exp(-a\omega^2 + j\omega x)\, d\omega \\
&= \frac{1}{2\pi} \int_{-\infty}^{\infty} \exp\left\{-\left(\sqrt{a}\,\omega - \frac{jx}{2\sqrt{a}}\right)^2 + \left(\frac{jx}{2\sqrt{a}}\right)^2\right\} d\omega \\
&= \frac{1}{2\pi} \exp\left\{\left(\frac{jx}{2\sqrt{a}}\right)^2\right\} \int_{-\infty}^{\infty} \exp\left\{-\left(\sqrt{a}\,\omega - \frac{jx}{2\sqrt{a}}\right)^2\right\} d\omega \\
&= \frac{1}{2\pi} \exp\left(-\frac{x^2}{4a}\right) \int_{-\infty}^{\infty} \exp\left\{-\left(\sqrt{a}\,\omega - \frac{jx}{2\sqrt{a}}\right)^2\right\} d\omega
\end{aligned}$$

$\nu = \sqrt{a}\,\omega - \dfrac{jx}{2\sqrt{a}}$ とすれば、$\dfrac{d\nu}{d\omega} = \sqrt{a}$ より $d\omega = \dfrac{d\nu}{\sqrt{a}}$ となるので、

$$\mathfrak{F}^{-1}[\exp(-a\omega^2)] = \frac{1}{2\pi\sqrt{a}} \exp\left(-\frac{x^2}{4a}\right) \int_{-\infty}^{\infty} \exp(-\nu^2)\, d\nu$$

となります。この式の積分は**ガウス積分**として知られており、$\displaystyle\int_{-\infty}^{\infty} \exp(-\nu^2)\, d\nu = \sqrt{\pi}$ となることが分かっています。したがって、これを代入すると、

102 　第4章　フーリエ級数・フーリエ変換の応用

$$\mathfrak{F}^{-1}[\exp(-a\omega^2)] = \frac{1}{2\pi\sqrt{a}}\exp\left(-\frac{x^2}{4a}\right)\cdot\sqrt{\pi} = \frac{1}{2\sqrt{a\pi}}\exp\left(-\frac{x^2}{4a}\right)$$

$$= \frac{1}{2\lambda\sqrt{\pi t}}e^{-\frac{x^2}{4\lambda^2 t}}$$

が得られますから，$u(x,t)$ の畳み込み積分の式に代入して，

$$u(x,t) = f(x)*\mathfrak{F}^{-1}[e^{-\lambda^2\omega^2 t}] = f(x)*\frac{1}{2\lambda\sqrt{\pi t}}e^{-\frac{x^2}{4\lambda^2 t}}$$

$$= \frac{1}{2\lambda\sqrt{\pi t}}\int_{-\infty}^{\infty}f(y)e^{-\frac{(x-y)^2}{4\lambda^2 t}}dy$$

として熱伝導方程式

$$\frac{\partial u(x,t)}{\partial t} = \lambda^2\frac{\partial^2 u(x,t)}{\partial x^2}$$

の解が求められます.

　この $u(x,t)$ が熱伝導方程式を満たしていることを確かめてみましょう．まず左辺から計算します.

$$\underline{左辺} = \frac{\partial u(x,t)}{\partial t} = \frac{\partial}{\partial t}\left[\frac{1}{2\lambda\sqrt{\pi t}}\int_{-\infty}^{\infty}f(y)\exp\left\{-\frac{(x-y)^2}{4\lambda^2 t}\right\}dy\right]$$

$$= \frac{1}{2\lambda\sqrt{\pi}}\int_{-\infty}^{\infty}f(y)\frac{\partial}{\partial t}\left[t^{-\frac{1}{2}}\exp\left\{-\frac{(x-y)^2}{4\lambda^2 t}\right\}\right]dy$$

$$= \frac{1}{2\lambda\sqrt{\pi}}\int_{-\infty}^{\infty}f(y)\left[\frac{(-1)}{2}t^{-\frac{3}{2}}\exp\left\{-\frac{(x-y)^2}{4\lambda^2 t}\right\}\right.$$

$$\left.+ t^{-\frac{1}{2}}\frac{(x-y)^2}{4\lambda^2 t^2}\exp\left\{-\frac{(x-y)^2}{4\lambda^2 t}\right\}\right]dy$$

$$= \frac{1}{2\lambda\sqrt{\pi t}}\int_{-\infty}^{\infty}f(y)\left\{\frac{(-1)}{2t}+\frac{(x-y)^2}{4\lambda^2 t^2}\right\}\exp\left\{-\frac{(x-y)^2}{4\lambda^2 t}\right\}dy$$

次に右辺を計算します.

$$\underline{右辺} = \lambda^2\frac{\partial^2 u(x,t)}{\partial x^2} = \lambda^2\frac{\partial}{\partial x}\cdot\frac{\partial}{\partial x}\left[\frac{1}{2\lambda\sqrt{\pi t}}\int_{-\infty}^{\infty}f(y)\exp\left\{-\frac{(x-y)^2}{4\lambda^2 t}\right\}dy\right]$$

$$= \frac{\lambda}{2\sqrt{\pi t}}\cdot\frac{\partial}{\partial x}\int_{-\infty}^{\infty}f(y)\frac{\partial}{\partial x}\left[\exp\left\{-\frac{(x-y)^2}{4\lambda^2 t}\right\}\right]dy$$

$$= \frac{\lambda}{2\sqrt{\pi t}}\cdot\frac{\partial}{\partial x}\int_{-\infty}^{\infty}f(y)\cdot\frac{-2(x-y)}{4\lambda^2 t}\exp\left\{-\frac{(x-y)^2}{4\lambda^2 t}\right\}dy$$

$$= \frac{1}{2\lambda\sqrt{\pi t}}\int_{-\infty}^{\infty}f(y)\frac{\partial}{\partial x}\left[\frac{-(x-y)}{2t}\exp\left\{-\frac{(x-y)^2}{4\lambda^2 t}\right\}\right]dy$$

$$= \frac{1}{2\lambda\sqrt{\pi t}} \int_{-\infty}^{\infty} f(y) \left[\frac{(-1)}{2t} \exp\left\{ -\frac{(x-y)^2}{4\lambda^2 t} \right\} - \frac{-(x-y)}{2t} \cdot \frac{2(x-y)}{4\lambda^2 t} \right.$$

$$\left. \exp\left\{ -\frac{(x-y)^2}{4\lambda^2 t} \right\} \right] dy$$

$$= \frac{1}{2\lambda\sqrt{\pi t}} \int_{-\infty}^{\infty} f(y) \left[\frac{(-1)}{2t} \exp\left\{ -\frac{(x-y)^2}{4\lambda^2 t} \right\} + \frac{(x-y)^2}{4\lambda^2 t^2} \exp\left\{ -\frac{(x-y)^2}{4\lambda^2 t} \right\} \right] dy$$

$$= \frac{1}{2\lambda\sqrt{\pi t}} \int_{-\infty}^{\infty} f(y) \left\{ \frac{(-1)}{2t} + \frac{(x-y)^2}{4\lambda^2 t^2} \right\} \exp\left\{ -\frac{(x-y)^2}{4\lambda^2 t} \right\} dy$$

以上より右辺=左辺ですから，得られた $u(x, t)$ は偏微分方程式を満足する解となっていることが確かめられます．

4・2 フーリエ級数による級数の解法

（1） フーリエ級数による解法

級数とは数列の各項を順次足し合わせたものです．無限項からなる級数を無限級数と呼び，フーリエ級数もその一種です．無限級数の和の計算の有用性は，等比数列の和の公式や，テイラー展開などでよく知られています．フーリエ級数も，こられと同様に無限級数の和を求めるために用いることができます．

2・1・2 で述べたように，区分的に滑らかな区間内においては，フーリエ級数

$$f(t) = \frac{a_0}{2} + \sum_{k=1}^{\infty} (a_k \cos kt + b_k \sin kt)$$

$$a_k = \frac{1}{\pi} \int_{-\pi}^{\pi} f(t) \cos kt \, dt \quad (k = 0, 1, 2, \cdots)$$

$$b_k = \frac{1}{\pi} \int_{-\pi}^{\pi} f(t) \sin kt \, dt \quad (k = 1, 2, 3, \cdots)$$

は $f(t)$ に収束します．ただし，有限個の不連続点 $t = t_a$ では左右の極限値の平均 $\frac{1}{2}\{f(t_a-0)+f(t_a+0)\}$ となります．**問題 2・3** では，矩形波

$$f(t) = \begin{cases} -1 & (-\pi \le t \le 0) \\ 1 & (0 < t \le \pi) \end{cases}, \ f(t+2\pi) = f(t)$$

がフーリエ級数展開により

$$f(t) = \frac{4}{\pi} \left(\sin t + \frac{1}{3} \sin 3t + \frac{1}{5} \sin 5t + \frac{1}{7} \sin 7t + \cdots \right)$$

と表されることを学びました．ただし，ここでは右辺の展開式は無限級数を表

104　第4章　フーリエ級数・フーリエ変換の応用

しているものとして，両辺を等号で結んでいます．この式の両辺に $t=\dfrac{\pi}{2}$ を代入してみます．この点は不連続点ではありません．

$$左辺 = \sin\frac{\pi}{2} = 1$$

$$右辺 = \frac{4}{\pi}\left(\sin\frac{\pi}{2} + \frac{1}{3}\sin\frac{3\pi}{2} + \frac{1}{5}\sin\frac{5\pi}{2} + \frac{1}{7}\sin\frac{7\pi}{2} + \cdots\right)$$

$$= \frac{4}{\pi}\left(1 - \frac{1}{3} + \frac{1}{5} - \frac{1}{7} + \cdots\right)$$

両式から左辺＝右辺と置いて，整理すると

$$1 - \frac{1}{3} + \frac{1}{5} - \frac{1}{7} + \cdots = \sum_{k=1}^{\infty}(-1)^{k+1}\frac{1}{2k-1} = \frac{\pi}{4}$$

が得られます．これは，円周率の近似値を求めるための**ライプニッツの公式**として知られる式になっています．このように，フーリエ級数展開を用いて無限級数の和を求めることができます．

【問題 4・1】 次の周期 2π の関数

$$f(t) = t^2 \quad (-\pi \leq t \leq \pi), \qquad f(t+2\pi) = f(t)$$

のフーリエ級数展開の結果を用いて，

$$1 + \frac{1}{4} + \frac{1}{9} + \frac{1}{16} + \frac{1}{25} + \cdots = \sum_{k=1}^{\infty}\frac{1}{k^2} = \frac{\pi^2}{6}$$

となることを示せ．

[**略解**]　$f(t)$ は偶関数ですからフーリエ係数 $b_k = 0$ であり，a_k のみ求めます．

$$a_k = \frac{2}{\pi}\int_0^\pi t^2 \cos kt\, dt = \frac{2}{\pi}\left(\left| t^2 \cdot \frac{1}{k}\sin kt \right|_0^\pi - \int_0^\pi 2t \cdot \frac{1}{k}\sin kt\, dt\right)$$

$$= \frac{2}{\pi}\left\{\frac{\pi^2}{k}\sin k\pi + \frac{2}{k}\left(\left| t \cdot \frac{1}{k}\cos kt \right|_0^\pi - \int_0^\pi \frac{1}{k}\cos kt\, dt\right)\right\}$$

$$= \frac{2}{\pi}\left\{\frac{2}{k^2}\left(\pi\cos k\pi - \left| \frac{1}{k}\sin kt \right|_0^\pi\right)\right\} = \frac{2}{\pi}\left\{\frac{2}{k^2}\left(\pi\cos k\pi - \frac{1}{k}\sin k\pi\right)\right\}$$

$$= \frac{4}{k^2}\cos k\pi = (-1)^k\frac{4}{k^2} \quad (k>0)$$

$$a_0 = \frac{2}{\pi}\int_0^\pi t^2 dt = \frac{2}{\pi}\left| \frac{1}{3}t^3 \right|_0^\pi = \frac{2\pi^2}{3}$$

となるので，

$$f(t) = \frac{\pi^2}{3} - 4\left(\cos t - \frac{1}{4}\cos 2t + \frac{1}{9}\cos 3t - \frac{1}{16}\cos 4t + \cdots\right)$$

$$= \frac{\pi^2}{3} - 4\sum_{k=1}^{\infty}\left\{(-1)^{k+1}\frac{1}{k^2}\cos kt\right\}$$

$t = \pi$ を代入すると，

$$\pi^2 = \frac{\pi^2}{3} + 4\sum_{k=1}^{\infty} \frac{1}{k^2}$$

$$\frac{\pi^2}{6} = \sum_{k=1}^{\infty} \frac{1}{k^2}$$

となって，無限級数和は $\dfrac{\pi^2}{6}$ と求まります．

（2）　**パーセバルの等式による解法**

フーリエ級数展開式の両辺に $f(t)$ を掛けて，$-\dfrac{T}{2} \sim \dfrac{T}{2}$ の範囲で積分してみます．

$$\int_{-\frac{T}{2}}^{\frac{T}{2}} \{f(t)\}^2 dt = \int_{-\frac{T}{2}}^{\frac{T}{2}} \left\{ \frac{1}{2} a_0 f(t) \right\} dt + \int_{-\frac{T}{2}}^{\frac{T}{2}} \left\{ \sum_{k=1}^{\infty} \left(a_k \cos \frac{2\pi k}{T} t \right. \right.$$
$$\left. \left. + b_k \sin \frac{2\pi k}{T} t \right) f(t) \right\} dt$$
$$= \frac{a_0}{2} \int_{-\frac{T}{2}}^{\frac{T}{2}} f(t) dt + \sum_{k=1}^{\infty} \left\{ \int_{-\frac{T}{2}}^{\frac{T}{2}} \left(a_k \cos \frac{2\pi k}{T} t + b_k \sin \frac{2\pi k}{T} t \right) f(t) dt \right\}$$
$$= \frac{a_0}{2} \int_{-\frac{T}{2}}^{\frac{T}{2}} f(t) dt + \sum_{k=1}^{\infty} \left\{ a_k \int_{-\frac{T}{2}}^{\frac{T}{2}} \left(\cos \frac{2\pi k}{T} t \right) f(t) dt \right\}$$
$$+ \sum_{k=1}^{\infty} \left\{ b_k \int_{-\frac{T}{2}}^{\frac{T}{2}} \left(\sin \frac{2\pi k}{T} t \right) f(t) dt \right\}$$

ここで，前記の a_k と b_k の計算式を用いると，

$$\int_{-\frac{T}{2}}^{\frac{T}{2}} \{f(t)\}^2 dt = \frac{a_0}{2} \cdot \frac{T}{2} a_0 + \sum_{k=1}^{\infty} \left(a_k \cdot \frac{T}{2} a_k \right) + \sum_{k=1}^{\infty} \left(b_k \cdot \frac{T}{2} b_k \right)$$
$$= \frac{T}{2} \left(\frac{1}{2} a_0{}^2 + \sum_{k=1}^{\infty} a_k{}^2 + \sum_{k=1}^{\infty} b_k{}^2 \right) = \frac{T}{2} \left\{ \frac{1}{2} a_0{}^2 + \sum_{k=1}^{\infty} (a_k{}^2 + b_k{}^2) \right\}$$

となります．したがって，

$$\frac{1}{T} \int_{-\frac{T}{2}}^{\frac{T}{2}} \{f(t)\}^2 dt = \frac{1}{4} a_0 + \frac{1}{2} \sum_{k=1}^{\infty} (a_k{}^2 + b_k{}^2)$$

の関係が得られます．これは**パーセバルの等式**と呼ばれるもので，信号のもつエネルギーとフーリエ係数との関係を示しています．この式の左辺は信号の1周期にわたる2乗平均値であり，電気回路や電子回路では電力に比例する量であることから，**パワー**と呼んでいます．それをフーリエ係数に分解した右辺のことは**パワースペクトル**と呼びます．パワーはエネルギーとほとんど同じ意味に用いられますが，信号の2乗和をエネルギー，その平均をパワーと使い分け

106   第4章 フーリエ級数・フーリエ変換の応用

られることもあります.

【問題 4・2】 複素フーリエ係数を用いて表したパーセバルの等式

$$\frac{1}{T}\int_{-\frac{T}{2}}^{\frac{T}{2}}\{f(t)\}^2 dt = \sum_{k=-\infty}^{\infty}|c_k|^2$$

が成り立つことを示せ.

[略解] 2・1・4 の実フーリエ係数と複素フーリエ係数の関係は次の通りでした.

$$c_0 = \frac{a_0}{2}, \quad c_k = \frac{1}{2}(a_k - jb_k), \quad c_{-k} = \frac{1}{2}(a_k + jb_k)$$

$$a_k = (c_k + c_{-k}), \quad b_k = j(c_k - c_{-k})$$

これらを実フーリエ係数で表したパーセバルの等式の右辺に代入すると,

$$\frac{1}{4}a_0^2 + \frac{1}{2}\sum_{k=1}^{\infty}(a_k^2 + b_k^2) = \frac{1}{4}(2c_0)^2 + \frac{1}{2}\sum_{k=1}^{\infty}\{(c_k + c_{-k})^2 + j^2(c_k - c_{-k})^2\}$$

$$= c_0^2 + \frac{1}{2}\sum_{k=1}^{\infty}\{c_k^2 + c_{-k}^2 + 2c_k c_{-k} - c_k^2 - c_{-k}^2 + 2c_k c_{-k}\}$$

$$= c_0^2 + 2\sum_{k=1}^{\infty}c_k c_{-k} = c_0^2 + 2\sum_{k=1}^{\infty}|c_k|^2 = \sum_{k=-\infty}^{\infty}|c_k|^2$$

となり, 与式が成り立つことが分かります.

 ちなみに, パーセバルの等式はフーリエ変換においても成立し,

$$\int_{-\infty}^{\infty}\{f(t)\}^2 dt = \frac{1}{2\pi}\int_{-\infty}^{\infty}|F(\omega)|^2 d\omega$$

と表されます. この式は, 左辺を変形することにより,

$$\int_{-\infty}^{\infty}\{f(t)\}^2 dt = \int_{-\infty}^{\infty}\left[f(t)\left\{\frac{1}{2\pi}\int_{-\infty}^{\infty}F(\omega)e^{j\omega t}d\omega\right\}\right]dt$$

$$= \frac{1}{2\pi}\int_{-\infty}^{\infty}\left[\left\{\int_{-\infty}^{\infty}f(t)e^{j\omega t}dt\right\}F(\omega)\right]d\omega = \frac{1}{2\pi}\int_{-\infty}^{\infty}F(-\omega)F(\omega)d\omega$$

$$= \frac{1}{2\pi}\int_{-\infty}^{\infty}|F(\omega)|^2 d\omega$$

となって, 成立することが確かめられます. 信号の時間領域でのエネルギーは, 周波数領域でも保存されることが分かります.

 次に, (1) のフーリエ級数の場合と同じく問題 2・3 の矩形波の例をとり上げます. この場合のフーリエ係数は

$$a_k = 0$$

$$b_k = \begin{cases} \dfrac{4}{k\pi} & (k = 1, 3, 5, \cdots) \\ 0 & (k = 2, 4, 6, \cdots) \end{cases}$$

でしたから，パーセバルの等式を用いると，

$$左辺 = \frac{1}{2\pi}\int_{-\pi}^{\pi}\{f(t)\}^2 dt = \frac{1}{2\pi}\left\{\int_{-\pi}^{0}(-1)^2 dt + \int_{0}^{\pi}1^2 dt\right\} = \frac{1}{2\pi}\left(\,|\,t\,|_{-\pi}^{0} + |\,t\,|_{0}^{\pi}\,\right)$$

$$= \frac{1}{2\pi}(0+\pi+\pi-0) = 1$$

$$右辺 = \frac{1}{4}a_0^2 + \frac{1}{2}\sum_{k=1}^{\infty}(a_k^2+b_k^2) = \frac{1}{2}\sum_{k=1}^{\infty}b_k^2 = \frac{1}{2}\sum_{k=1}^{\infty}\left\{\frac{4}{(2k-1)\pi}\right\}^2$$

$$= \frac{8}{\pi^2}\sum_{k=1}^{\infty}\frac{1}{(2k-1)^2}$$

となるので，左辺＝右辺より

$$\frac{\pi^2}{8} = \sum_{k=1}^{\infty}\frac{1}{(2k-1)^2}$$

となって，無限級数 $\sum\limits_{k=1}^{\infty}\dfrac{1}{(2k-1)^2}$ の和を求めることができます．

【問題 4・3】 問題 2・2 の三角波

$$f(t) = \begin{cases} \dfrac{t}{\pi}+1 & (-\pi \le t \le 0) \\[2mm] -\dfrac{t}{\pi}+1 & (0 < t \le \pi) \end{cases}, \quad f(t+2\pi)=f(t)$$

のフーリエ級数展開からパーセバルの等式を用いて，

$$1+\frac{1}{3^4}+\frac{1}{5^4}+\frac{1}{7^4}+\cdots = \sum_{k=1}^{\infty}\frac{1}{(2k-1)^4} = \frac{\pi^4}{96}$$

となることを示せ．

[略解] $f(t)$ は偶関数ですから $b_k=0$ で，a_k は次のように求められています．

$$a_k = \begin{cases} 1 & (k=0) \\[2mm] \dfrac{4}{k^2\pi^2} & (k=1,3,5,\cdots) \\[2mm] 0 & (k-2,4,6,\cdots) \end{cases}$$

パーセバルの等式の計算を行うと，

$$左辺 = \frac{1}{2\pi}\int_{-\pi}^{\pi}\left(-\frac{t}{\pi}+1\right)^2 dt = \frac{2}{2\pi}\int_{0}^{\pi}\left(-\frac{t}{\pi}+1\right)^2 dt = \frac{1}{\pi}\left|\frac{-\pi}{3}\left(-\frac{t}{\pi}+1\right)^3\right|_{0}^{\pi}$$

$$= \frac{-1}{3}(0^3-1^3) = \frac{1}{3}$$

$$右辺 = \frac{1}{4}a_0^2 + \frac{1}{2}\sum_{k=1}^{\infty}(a_k^2+b_k^2) = \frac{1}{4} + \frac{1}{2}\sum_{k=1}^{\infty}\left\{\frac{4}{(2k-1)^2\pi^2}\right\}^2$$

$$= \frac{1}{4} + \frac{8}{\pi^4}\sum_{k=1}^{\infty}\frac{1}{(2k-1)^4}$$

108   第4章　フーリエ級数・フーリエ変換の応用

となるので，左辺＝右辺より

$$\frac{1}{3} = \frac{1}{4} + \frac{8}{\pi^4} \sum_{k=1}^{\infty} \frac{1}{(2k-1)^4}$$

$$\left(\frac{1}{3} - \frac{1}{4}\right) \cdot \frac{\pi^4}{8} = \sum_{k=1}^{\infty} \frac{1}{(2k-1)^4}$$

$$\frac{\pi^4}{96} = \sum_{k=1}^{\infty} \frac{1}{(2k-1)^4}$$

が得られます．

4・3　フーリエ変換による積分の解法

　フーリエ変換は，積分を解くために使用することもできます．フーリエ変換とフーリエ逆変換の定義式は **2・2・1** より，

$$F(\omega) = \int_{-\infty}^{\infty} f(t) e^{-j\omega t} dt$$

$$f(t) = \frac{1}{2\pi} \int_{-\infty}^{\infty} F(\omega) e^{j\omega t} d\omega$$

でしたから，ある関数 $f(t)$ のフーリエ変換 $F(\omega)$ が得られていれば，$F(\omega)e^{j\omega t}$ の $-\infty \sim \infty$ の範囲での積分は $2\pi f(t)$ となることが分かります．

　例として，定積分 $\int_{-\infty}^{\infty} \frac{\sin \omega T}{\omega} \cos \omega t d\omega$ の値を求めてみましょう．**例題 2-3** で与えられた関数

$$f(t) = \begin{cases} 1 & (-T \le t \le T) \\ 0 & (<-T,\ t>T) \end{cases}$$

のフーリエ変換は

$$F(\omega) = 2 \frac{\sin \omega T}{\omega}$$

でした．したがって，

$$f(t) = \frac{1}{2\pi} \int_{-\infty}^{\infty} 2 \frac{\sin \omega T}{\omega} e^{j\omega t} d\omega$$

から

$$\int_{-\infty}^{\infty} \frac{\sin \omega T}{\omega} e^{j\omega t} d\omega = \pi f(t) = \begin{cases} \pi & (-T<t<T) \\ \dfrac{\pi}{2} & (|t|=T) \\ 0 & (t<-T,\ t>T) \end{cases}$$

となります．ここで，オイラーの公式を最左辺に代入すると，

4・3　フーリエ変換による積分の解法　　　109

$$\int_{-\infty}^{\infty} \frac{\sin \omega T}{\omega} e^{j\omega t} d\omega = \int_{-\infty}^{\infty} \frac{\sin \omega T}{\omega} (\cos \omega t + j \sin \omega t) d\omega$$

$$= \int_{-\infty}^{\infty} \frac{\sin \omega T}{\omega} \cos \omega t d\omega + j \int_{-\infty}^{\infty} \frac{\sin \omega T}{\omega} \sin \omega t d\omega$$

となって，2項目は奇関数ですので0となり，結局

$$\int_{-\infty}^{\infty} \frac{\sin \omega T}{\omega} \cos \omega t d\omega = \begin{cases} \pi & (-T < t < T) \\ \dfrac{\pi}{2} & (|t| = T) \\ 0 & (t < -T,\ t > T) \end{cases}$$

が得られます．この式で $T=1$ と置いて，$t=0$ とすれば

$$\int_{-\infty}^{\infty} \frac{\sin \omega}{\omega} d\omega = \pi$$

となります．被積分関数は偶関数なので，

$$\int_{0}^{\infty} \frac{\sin \omega}{\omega} d\omega = \frac{\pi}{2}$$

と表すこともできます．

　次に，フーリエ余弦変換を用いた積分計算の例をとり上げます．**2・2・3** のフーリエ余弦変換の定義式は

$$F(\omega) = \int_{-\infty}^{\infty} f(t) \cos \omega t dt = 2 \int_{0}^{\infty} f(t) \cos \omega t dt$$

で，$f(t)$ が偶関数のときに用いる式でした．ここで $F(\omega) = F(-\omega)$ ですから，$F(\omega)$ も偶関数です．したがって，逆変換は

$$f(t) = \frac{1}{2\pi} \int_{-\infty}^{\infty} F(\omega) e^{j\omega t} d\omega = \frac{1}{2\pi} \int_{-\infty}^{\infty} F(\omega) (\cos \omega t + j \sin \omega t) d\omega$$

となりますが，$F(\omega) \sin \omega t$ は奇関数であるため，

$$f(t) = \frac{1}{2\pi} \int_{-\infty}^{\infty} F(\omega) \cos \omega t d\omega - \frac{1}{\pi} \int_{0}^{\infty} F(\omega) \cos \omega t d\omega$$

となって，**フーリエ余弦逆変換**の式が得られます．同様に，フーリエ正弦変換は，$f(t)$ が奇関数のときに用いられ，フーリエ変換の定義から

$$F(\omega) = -j \int_{-\infty}^{\infty} f(t) \sin \omega t dt = -j 2 \int_{0}^{\infty} f(t) \sin \omega t dt$$

となります．$F(\omega) = -F(-\omega)$ の関係から，$F(\omega)$ も奇関数であり，逆変換

$$f(t) = \frac{1}{2\pi} \int_{-\infty}^{\infty} F(\omega) (\cos \omega t + j \sin \omega t) d\omega$$

の $F(\omega)\cos\omega t$ は奇関数であるため，結局

$$f(t) = \frac{j}{\pi} \int_0^\infty F(\omega) \sin\omega t d\omega$$

が得られます．$F(\omega)$ の定義式の右辺から $-j$ を除いた式が 2・2・4 で述べたフーリエ正弦変換，得られた $f(t)$ の式の右辺から j を除いた式を**フーリエ正弦逆変換**といいます．

ここから，積分計算への応用になります．次の関数 (図 4・2)

$$f(t) = e^{-at} \quad (a>0,\ t\geq 0)$$

にフーリエ余弦変換を適用して，

$$F(\omega) = 2\int_0^\infty e^{-at} \cos\omega t dt$$

を求めてみます．ただし，$f(t)$ は偶関数ではないので，

$$f(t) = \begin{cases} e^{-at} & (a>0,\ t\geq 0) \\ e^{at} & (a>0,\ t<0) \end{cases}$$

と拡張して偶関数化し，その $t \geq 0$ の部分をとり出したものと考えます (図 4・3)．このような操作を**偶関数拡張** (あるいは**偶拡張**) と呼びます．

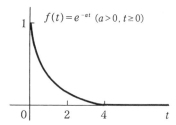

図 4・2　$f(t) = e^{-at}$ の波形 ($a=1$ の場合)

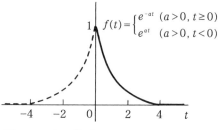

図 4・3　偶関数拡張の例 ($a=1$ の場合)

フーリエ余弦変換の計算は，不定積分 $\int e^{-at}\cos\omega t dt$ の計算を部分積分により行うと，

$$\int e^{-at} \cos\omega t dt = e^{-at} \cdot \frac{1}{\omega}\sin\omega t - \int (-ae^{-at}) \cdot \frac{1}{\omega}\sin\omega t dt$$

$$= \frac{1}{\omega}e^{-at}\sin\omega t + \frac{a}{\omega}\int e^{-at}\sin\omega t dt$$

となります．ここで，2項目の積分についても部分積分を適用して得られる

$$\int e^{-at}\sin\omega t dt = -e^{-at}\cdot\frac{1}{\omega}\cos\omega t + \int (-ae^{-at})\cdot\frac{1}{\omega}\cos\omega t dt$$

$$= -\frac{1}{\omega}e^{-at}\sin\omega t - \frac{a}{\omega}\int e^{-at}\cos\omega t dt$$

$$4 \cdot 3 \quad \text{フーリエ変換による積分の解法} \qquad 111$$

を先の式に代入すると，

$$\int e^{-at} \cos \omega t \, dt = \frac{1}{\omega} e^{-at} \sin \omega t + \frac{a}{\omega} \left(\frac{-1}{\omega} e^{-at} \cos \omega t - \frac{a}{\omega} \int e^{-at} \cos \omega t \, dt \right)$$

$$= \frac{1}{\omega} e^{-at} \sin \omega t - \frac{a}{\omega^2} e^{-at} \cos \omega t - \frac{a^2}{\omega^2} \int e^{-at} \cos \omega t \, dt$$

となり，整理すると次式のようになります．

$$\left(1 + \frac{a^2}{\omega^2} \right) \int e^{-at} \cos \omega t \, dt = \frac{1}{\omega} e^{-at} \sin \omega t - \frac{a}{\omega^2} e^{-at} \cos \omega t$$

$$\int e^{-at} \cos \omega t \, dt = \frac{\omega^2}{\omega^2 + a^2} e^{-at} \left(\frac{1}{\omega} e^{-at} \sin \omega t - \frac{a}{\omega^2} e^{-at} \cos \omega t \right)$$

$$= \frac{e^{-at}}{\omega^2 + a^2} (\omega \sin \omega t - a \cos \omega t)$$

ここで，積分範囲を指定して定積分を求めると，e^{-at} は $t \to \infty$ で 0 に近づくため，

$$\int_0^\infty e^{-at} \cos \omega t \, dt = \left| \frac{e^{-at}}{\omega^2 + a^2} (\omega \sin \omega t - a \cos \omega t) \right|_0^\infty$$

$$= \frac{1}{\omega^2 + a^2} \left| e^{-at} (\omega \sin \omega t - a \cos \omega t) \right|_0^\infty = \frac{a}{\omega^2 + a^2}$$

が得られ，

$$F(\omega) = 2 \int_0^\infty e^{-at} \cos \omega t \, dt = \frac{2a}{\omega^2 + a^2}$$

となるので，フーリエ余弦逆変換から，$t \geq 0$ のとき

$$\frac{1}{\pi} \int_0^\infty F(\omega) \cos \omega t \, d\omega = \frac{1}{\pi} \int_0^\infty \frac{2a}{\omega^2 + a^2} \cos \omega t \, d\omega = e^{-at}$$

ですから，この関係を利用して，

$$\int_0^\infty \frac{1}{\omega^2 + a^2} \cos \omega t \, d\omega = \frac{1}{2a} \pi e^{-at}$$

の積分計算ができました．ここで，$t = 0$ のとき

$$\int_0^\infty \frac{1}{\omega^2 + a^2} \, d\omega = \frac{\pi}{2a}$$

の公式が導かれます．なお，$\int_0^\infty e^{-at} \cos \omega t \, dt$ の計算は，第1章の**問題 1・3** でも出てきていますので，参照してみてください．

　ここでは，偶関数拡張により偶関数化してフーリエ余弦変換を用いる例について述べましたが，奇関数に拡張してフーリエ正弦変換を用いる問題もあります．

4・4 フーリエ変換からラプラス逆変換へ

2・2において,非周期信号や孤立信号を扱うために,複素フーリエ級数展開を拡張して,フーリエ変換とフーリエ逆変換を定義しました.ここに再記すれば,関数$f(x)$のフーリエ変換は

$$F(\omega) = \mathfrak{F}[f(t)] = \int_{-\infty}^{\infty} f(t)e^{-j\omega t}dt$$

であり,$F(\omega)$の逆フーリエ変換は

$$f(t) = \mathfrak{F}^{-1}[F(\omega)] = \frac{1}{2\pi}\int_{-\infty}^{\infty} F(\omega)e^{j\omega t}d\omega$$

により求められます.ただし,これらが適用できるためには条件があり,2・2・2で述べたように,$f(t)$がすべての区間$(-\infty, \infty)$で区分的に滑らかで,さらに

$$\int_{-\infty}^{\infty} |f(t)|dt < \infty$$

を満たす必要があります.この条件のことを**絶対可積分**といい,$-\infty \sim \infty$の範囲で$f(t)$の絶対値の積分が有限値とならなければなりません.この条件は割合に厳しいもので,$f(t)$が時間軸の正あるいは負方向に一定値をとる場合や,単調増加の場合などはこれを満たしません.たとえば,1・3で定義した単位ステップ関数

$$u(t) = \begin{cases} 0 & (t<0) \\ 1 & (t \geq 0) \end{cases}$$

や指数関数

$$f(t) = e^t$$

などが該当します(図 4・4).ただし,ステップ関数については巧妙な手法が存在し,フーリエ変換の計算が可能です(練習問題 4・5).

このようなフーリエ変換の適用に関する条件を緩和するために,$f(t)$にtの増加にしたがって減衰する関数$e^{-\alpha t}$を乗じてみます.ただし,αは定数で$\alpha > 0$とします.ステップ関数すなわち$f(t) = u(t)$

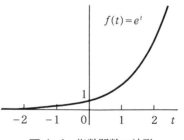

図 4・4 指数関数の波形

4・4 フーリエ変換からラプラス逆変換へ

を例にとると，**図4・5**に示すように $t \to \infty$ のとき $g(t) = f(t)e^{-\alpha t}$ は0に収束することが分かります．$e^{-\alpha t}$ のように t とともに減衰し，ある一定値に収束する関数のことを**減衰関数**，減衰量が減衰する速さに比例する場合のことを**指数関数的減衰**と呼びます．一方，$t \to -\infty$ のときは $e^{-\alpha t}$ は単調増加となりますが，$t<0$ で $g(t) = 0$ の条件（**因果律**）を付けて，$t>0$ しか考えないことにします．このようにすれば，$g(t)$ は絶対積分可能となりますから，フーリエ変換を求めることができます．因果律とは，原因よりも先に結果が現れることはないという法則で，この条件を満たす関数のことを**因果関数**といいます．

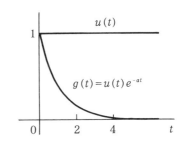

図4・5 減衰関数の例（$\alpha = 1$ の場合）

絶対積分可能であることが分かったので，定義式に基づいて $g(t)$ のフーリエ変換 $G(\omega)$ を求めてみましょう．

$$G(\omega) = \int_{-\infty}^{\infty} g(t)e^{-j\omega t}dt = \int_{0}^{\infty} f(t)e^{-\alpha t}e^{-j\omega t}dt = \int_{0}^{\infty} f(t)e^{-(\alpha+j\omega)t}dt$$

ここで，$s = \alpha + j\omega$, $G(\omega) = F(s)$ と置けば

$$F(s) = \int_{0}^{\infty} f(t)e^{-st}dt$$

となって，**1・1** のラプラス変換の定義式となります．

$G(\omega)$ のフーリエ逆変換は

$$g(t) = f(t)e^{-\alpha t} = \frac{1}{2\pi}\int_{-\infty}^{\infty} G(\omega)e^{j\omega t}d\omega$$

ですから，

$$f(t) = \frac{1}{2\pi}e^{\alpha t}\int_{-\infty}^{\infty} G(\omega)e^{j\omega t}d\omega = \frac{1}{2\pi}\int_{-\infty}^{\infty} G(\omega)e^{j\omega t}e^{\alpha t}d\omega$$

$$= \frac{1}{2\pi}\int_{-\infty}^{\infty} G(\omega)e^{(\alpha+j\omega)t}d\omega = \frac{1}{2\pi}\int_{-\infty}^{\infty} G(\omega)e^{st}d\omega$$

となります．この式で $s = \alpha + j\omega$ より，$\dfrac{ds}{d\omega} = j$ から $d\omega = \dfrac{1}{j}ds$, $\omega: -\infty \sim \infty$ のとき $s: (\alpha - j\infty) \sim (\alpha + j\infty)$ となり，$G(\omega) = F(s)$ と置けば，結局

$$f(t) = \frac{1}{2\pi j}\int_{\alpha-j\infty}^{\alpha+j\infty} F(s)e^{st}ds$$

114 第4章 フーリエ級数・フーリエ変換の応用

となって，ラプラス逆変換の式が得られます．

　以上のように，ラプラス変換はフーリエ変換を $s = \alpha + j\omega$ の複素平面へ拡張したものとして捉えることができますし，逆に，ラプラス変換で $\alpha = 0$ として，$s = j\omega$ のときがフーリエ変換であると考えることもできます．

　ただし，ラプラス変換が存在するためには，変換式の積分が収束する必要があり，

$$|f(t)e^{-\gamma t}| < M \quad (M > 0, \ \gamma > 0)$$

あるいは同等ですが，

$$|f(t)| \leq Me^{\gamma t}$$

となるような定数 M と γ が存在すれば，$\mathrm{Re}(s) > \gamma$ となる s についてラプラス変換が存在することが知られています（**ラプラス変換の存在定理**）．γ のことを**収束座標**と呼び，$\mathrm{Re}(s) = \alpha$ の代わりに $c > \gamma$ を満たす任意の定数 c とすれば，ラプラス逆変換は

$$f(t) = \frac{1}{2\pi j} \int_{c-j\infty}^{c+j\infty} F(s)e^{st}ds$$

となって，**1・1** の定義式と一致します．ラプラス逆変換の積分は複素積分で，積分路は複素平面上の虚軸と平行な直線 $c - j\infty$ から $c + j\infty$ までとなります．このような積分を**ブロムウィッチ積分**といいますが，実際には，$F(s)$ の特異点を含む積分路をとり，**留数定理**を用いて計算するのが一般的です．複素積分については本書ではこれ以上触れません．

4・5　通信・信号処理への応用

（1）　デルタ関数 $\delta(t)$ の役割とインパルス応答 $h(t)$ およびシステム関数 $H(\omega)$

　第3章でとり上げた線形システムについて，ここではフーリエ変換の応用の観点から述べます．**3・1** では，線形システムとその入出力の関係を，ラプラス変換を用いて記述しています．そこでは，システムの特性を表す伝達関数が，インパルス応答のラプラス変換により定義されています．本節では，これらの関係を，フーリエ変換を用いて記述します．

　線形システムに入力信号 $x(t)$ が入ってきたときの出力信号を $y(t)$ とします．入力信号として与えたデルタ関数（単位インパルス関数ともいう）$x(t) = \delta(t)$ に対して，出力が $y(t) = h(t)$ であれば，この $h(t)$ のことをシステムのインパルス応答と呼びました．このインパルス応答は入力に依存せず，システ

ムに固有の特性を有するものです．インパルス応答が分かれば，システムの入出力関係は次式の畳み込み積分で表すことができます（3・2 参照）．

$$y(t)=x(t)*h(t)=\int_{-\infty}^{\infty}x(\tau)h(t-\tau)d\tau$$

この式にフーリエ変換を適用すれば，フーリエ変換対 $x(t) \Leftrightarrow X(\omega)$, $y(t) \Leftrightarrow Y(\omega)$, $h(t) \Leftrightarrow H(\omega)$, $x(t)*h(t) \Leftrightarrow X(\omega)H(\omega)$ より

$$Y(\omega)=X(\omega)H(\omega)$$

となり，周波数領域における出力 $Y(\omega)$ は，入力とインパルス応答それぞれのフーリエ変換の積で与えられることが分かります．インパルス応答 $h(t)$ のフーリエ変換 $H(\omega)$ のことを**システム関数**（あるいは伝達関数）と呼びます．この関係を図示したのが図 4・6 です．$H(\omega)$ は

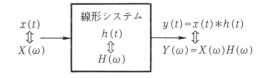

図 4・6　システム関数 $H(\omega)$

$$H(\omega)=|H(\omega)|e^{j\varphi(\omega)}$$

と表され，$|H(\omega)|$ を振幅特性，$\mathrm{Arg}\{H(\omega)\}=\varphi(\omega)$ を位相特性といいます．

次に，システム関数の例を挙げます．システム関数が

$$H(\omega)=\begin{cases}e^{-j\omega T_0} & (|\omega|\leq\omega_c)\\ 0 & (|\omega|>\omega_c)\end{cases}$$

で与えられるシステムは**理想低域通過フィルタ**と呼ばれます（図 4・7）．このシステムの出力は，$Y(\omega)=X(\omega)H(\omega)$ の関係から，入力 $X(\omega)$ と上式の $H(\omega)$ を掛けたものとして得られますが，同図（a）の $H(\omega)$ の振幅特性を見ると，$-\omega_c\leq\omega\leq\omega_c$ の範囲では，出力は入力値と等しく，それ以外の範囲では 0 となることが分かります．$H(\omega)$ は ω_c より低い角周波数の信号は通過させ，ω_c より高い角周波数の信号は通過させないという性質（**低域通過フィルタ**と

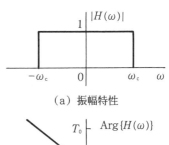

(a) 振幅特性

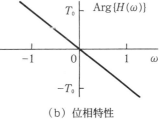

(b) 位相特性

図 4・7　理想低域通過フィルタの特性

いいます) をもっており，そのような性質は信号から高周波の雑音を除去したりする際に必要となるものです．ω_cは**遮断角周波数**（**カットオフ角周波数**）と呼ばれます．現実には，図 4・7 (a) ような遮断角周波数で垂直に立ち上がるような特性をもつフィルタを構成することは困難ですから，その意味で理想低域通過フィルタと呼ぶわけです．

このシステムにある入力信号$x_1(t)$を加えてみます．ただし，$x_1(t)$のフーリエ変換$X_1(\omega)$の周波数特性は$|\omega|>\omega_c$で0であるとします．このときの出力$Y_1(\omega)$は$Y_1(\omega)=X_1(\omega)H(\omega)$となりますから，これをフーリエ逆変換すると，

$$y_1(t)=\frac{1}{2\pi}\int_{-\infty}^{\infty}Y_1(\omega)e^{j\omega t}d\omega=\frac{1}{2\pi}\int_{-\infty}^{\infty}X_1(\omega)H(\omega)e^{j\omega t}d\omega$$

$$=\frac{1}{2\pi}\int_{-\omega_c}^{\omega_c}X_1(\omega)e^{-j\omega T_0}e^{j\omega t}d\omega=\frac{1}{2\pi}\int_{-\omega_c}^{\omega_c}X_1(\omega)e^{j\omega(t-T_0)}d\omega=x_1(t-T_0)$$

となって，もとの$x_1(t)$をT_0だけ時間軸の正方向にずらしただけで，そのままの形の波形が出てくることが分かります．

この理想低域通過フィルタのインパルス応答$h(t)$を求めてみましょう．$H(\omega)$のフーリエ逆変換を行えばよいので

$$h(t)=\frac{1}{2\pi}\int_{-\infty}^{\infty}H(\omega)e^{j\omega t}d\omega=\frac{1}{2\pi}\int_{-\omega_c}^{\omega_c}e^{-j\omega T_0}e^{j\omega t}d\omega=\frac{1}{2\pi}\int_{-\omega_c}^{\omega_c}e^{j\omega(t-T_0)}d\omega$$

$$=\frac{1}{j2\pi(t-T_0)}|e^{j\omega(t-T_0)}|_{-\omega_c}^{\omega_c}=\frac{1}{j2\pi(t-T_0)}\{e^{j\omega_c(t-T_0)}-e^{-j\omega_c(t-T_0)}\}$$

$$=\frac{\sin\omega_c(t-T_0)}{\pi(t-T_0)}=\frac{\omega_c}{\pi}\cdot\frac{\sin\omega_c(t-T_0)}{\omega_c(t-T_0)}$$

となります．図 4・8 に示す通り，この場合のインパルス応答は標本化関数の波形となっています．ここでは，前提として入力は因果関数を考えていますから，$t<0$で$h(t)=0$となっていないのは因果律を満たしていないことになります．このことから，理想低域通過フィルタを現実に実現するのは

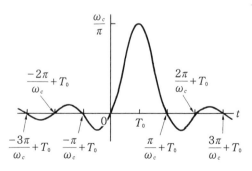

図 4・8 理想低域通過フィルタのインパルス応答
（$\omega_c=\pi, T_0=1$の場合）

4・5 通信・信号処理への応用   117

【例題 4-1】 図 4・9 の CR 回路の入力順に $v_i(t) = 3e^{-t}u(t)$ の電圧を加えた. このときの, インパルス応答 $h(t)$ および出力側の電圧 $v_o(t)$ を求めよ.

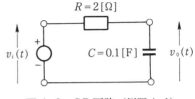

図 4・9 CR 回路 (例題 4-1)

[解] まず

$$f(t) = \begin{cases} 0 & (t<0) \\ e^{-at} & (t \geq 0) \end{cases}$$

のフーリエ変換を求めてみます.

$$F(\omega) = \int_0^\infty e^{-at} e^{-j\omega t} dt = \int_0^\infty e^{-(a+j\omega)t} dt = -\frac{1}{a+j\omega} |e^{-(a+j\omega)t}|_0^\infty = \frac{1}{a+j\omega}$$

$f(t)$ はステップ関数 $u(t)$ を用いて $f(t) = e^{-at}u(t)$ と表すことができるので, $e^{-at}u(t) \Leftrightarrow \dfrac{1}{a+j\omega}$ のフーリエ変換対が得られます. 入出力電圧の周波数特性, すなわちフーリエ変換をそれぞれ $V_i(\omega)$, $V_o(\omega)$ とすれば, 入力電圧は

$$V_i(\omega) = \mathfrak{F}[v_i(t)] = \mathfrak{F}[3e^{-t}u(t)] = \frac{3}{1+j\omega}$$

となります. また,

$$V_o(\omega) = \frac{\dfrac{1}{j\omega C}}{R + \dfrac{1}{j\omega C}} V_i(\omega) = \frac{1}{1+j\omega CR} V_i(\omega)$$

の関係より, システム関数 $H(\omega)$ は

$$H(\omega) = \frac{V_o(\omega)}{V_i(\omega)} = \frac{1}{1+j0.1 \times 2\omega} = \frac{1}{1+j0.2\omega} = \frac{5}{5+j\omega}$$

となります. このフーリエ逆変換から

$$h(t) = \mathfrak{F}^{-1}[H(\omega)] = \mathfrak{F}^{-1}\left[\frac{5}{5+j\omega}\right] = 5e^{-5t}u(t)$$

が得られます (図 4・10 (a)).

次に出力電圧 $v_o(t)$ は,

$$V_o(\omega) = H(\omega) V_i(\omega) = \frac{5}{5+j\omega} \cdot \frac{3}{1+j\omega} = 15 \cdot \frac{1}{(5+j\omega)(1+j\omega)}$$

$$= \frac{15}{4} \left(\frac{1}{1+j\omega} - \frac{1}{5+j\omega} \right)$$

となるため，逆フーリエ変換から

$$v_o(t) = \mathfrak{F}^{-1}[V_0(\omega)] = \mathfrak{F}^{-1}\left[\frac{15}{4}\left(\frac{1}{1+j\omega} - \frac{1}{5+j\omega}\right)\right] = \frac{15}{4}(e^{-t} - e^{-5t})u(t)$$

と求めることができます．

$H(\omega)$ の振幅特性 $|H(\omega)|$ は

$$|H(\omega)| = \left|\frac{V_o(\omega)}{V_i(\omega)}\right| = \left|\frac{1}{1+j\omega CR}\right| = \frac{1}{\sqrt{1+\omega^2 C^2 R^2}} = \frac{1}{\sqrt{1+\omega^2 \times 0.1^2 \times 2^2}}$$
$$= \frac{1}{\sqrt{1+0.04\omega^2}}$$

となり，同図（b）の特性を示します．このような特性をもつ回路は低域通過フィルタとして用いられます．理想フィルタの場合とは異なり，実際には出力電圧が入力電圧の $1/\sqrt{2}$（-3[dB]）となる角周波数を遮断角周波数 ω_c とします．この ω_c は

$$\left|\frac{V_o(\omega)}{V_i(\omega)}\right| = \frac{1}{\sqrt{1+\omega_c^2 C^2 R^2}} = \frac{1}{\sqrt{2}}$$

から

$$\frac{1}{1+\omega_c^2 C^2 R^2} = \frac{1}{2}$$

となるので，$\omega_c^2 C^2 R^2 = 1$ より

$$\omega_c = \frac{1}{CR} = \frac{1}{0.1 \times 2} = 5 \text{[rad/s]}$$

となります．グラフは縦軸を dB（デシベル）を単位としてとってありますが，これは入出力の電圧比から

$$G = 20\log_{10}\frac{V_o(\omega)}{V_i(\omega)} \quad [\text{dB}]$$

と計算したもので，$\dfrac{V_o(\omega)}{V_i(\omega)} = 1$ のとき

$$G = 20\log_{10} 1 = 0 \quad [\text{dB}]$$

$\dfrac{V_o(\omega)}{V_i(\omega)} = \dfrac{1}{\sqrt{2}}$ のとき，

$$20\log_{10}\frac{1}{\sqrt{2}} = -10\log_{10} 2 \approx -3.01 \quad [\text{dB}]$$

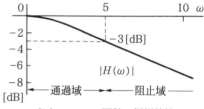

(a) インパルス応答

(b) システム関数の振幅特性

図 4・10　CR 回路の特性（例題 4-1）

となり，一般的に $0 \sim -3[\mathrm{dB}]$ までの範囲は**通過域**，$-3[\mathrm{dB}]$ 以下の範囲を**阻止域**と呼びます．

（2） デルタ関数 $\delta(t)$ の理想的なパルス列 $\delta_T(t)$ とフーリエ変換

図 **4・11** に示すように，幅 w，高さ $\dfrac{1}{w}$ のパルスが周期 T で無限に繰り返すパルス列において，パルスの面積 $w \times \dfrac{1}{w} = 1$ を一定にしてパルス幅 w を無限に0に近づけると，デルタ関数の関数列となります．この理想的なパルス列のことを**デルタ関数列**（**単位インパルス関数列**ともいう）と呼び

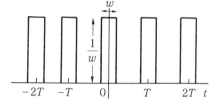

図 **4・11** デルタ関数列（$w \to 0$ としたとき）

ます．デルタ関数 $\delta(t)$ のフーリエ変換は**問題 2・6** で求めており，$\delta(t) \Leftrightarrow 1$ の変換対が得られています．ここでは，デルタ関数列のフーリエ変換を求めてみましょう．

さて，$\delta_T(t)$ を t 軸の正方向に T だけ移動させると $\delta(t-T)$ と表されますから，デルタ関数列 $\delta_T(t)$ は

$$\delta_T(t) = \delta(t) + \delta(t+T) + \delta(t+2T) + \cdots + \delta(t-T) + \delta(t-2T) + \cdots$$
$$= \sum_{n=-\infty}^{\infty} \delta(t-nT)$$

と表記することができます．デルタ関数列は周期関数ですから，**2・1・4** の複素フーリエ級数展開を行うと，その複素フーリエ係数は次式となります．

$$c_k = \frac{1}{T}\int_{-\frac{T}{2}}^{\frac{T}{2}} \delta_T(t) e^{-j\frac{2\pi}{T}kt} dt = \frac{1}{T}\int_{-\frac{T}{2}}^{\frac{T}{2}} \sum_{n=-\infty}^{\infty} \delta(t-nT) e^{-j\frac{2\pi}{T}kt} dt$$
$$= \frac{1}{T}\int_{-\frac{T}{2}}^{\frac{T}{2}} \delta(t) e^{-j\frac{2\pi}{T}kt} dt = \frac{1}{T} e^0 = \frac{1}{T} \quad (k=0, 1, 2, \cdots)$$

この係数から，$\delta_T(t)$ は

$$\delta_T(t) = \sum_{n=-\infty}^{\infty} c_k e^{jn\omega_0 t} = \sum_{n=-\infty}^{\infty} \frac{1}{T} e^{jn\omega_0 t}$$

と展開することができます．ただし，$\omega_0 = \dfrac{2\pi}{T}$ です．この展開式の両辺をフーリエ変換してデルタ関数列のフーリエ変換 $\varDelta_T(\omega)$ を求めると次のようになります．

$$\varDelta_T(\omega)=\mathfrak{F}[\delta_T(t)]=\int_{-\infty}^{\infty}(\sum_{n=-\infty}^{\infty}c_k e^{jn\omega_0 t})e^{-j\omega t}dt=\int_{-\infty}^{\infty}(\sum_{n=-\infty}^{\infty}\frac{1}{T}e^{jn\omega_0 t})e^{-j\omega t}dt$$
$$=\frac{1}{T}\sum_{n=-\infty}^{\infty}\int_{-\infty}^{\infty}1\cdot e^{-j(\omega-n\omega_0)t}dt$$

この式の積分は，$\omega-n\omega_0$ を1つの変数として見れば，定数1のフーリエ変換であり，**例題2-7**で対称性の性質から $1 \Leftrightarrow 2\pi\delta(\omega)$ の変換対が得られていますので，結局

$$\varDelta_T(\omega)=\frac{1}{T}\sum_{n=-\infty}^{\infty}\int_{-\infty}^{\infty}1\cdot e^{-j(\omega-n\omega_0)t}dt=\frac{1}{T}\sum_{n=-\infty}^{\infty}2\pi\delta(\omega-n\omega_0)$$
$$=\omega_0\sum_{n=-\infty}^{\infty}\delta(\omega-n\omega_0)$$

が得られます．この式は，デルタ関数列のフーリエ変換は周波数領域においてもまたデルタ関数列となることを示しており，その周期は基本角周波数で与えられます（図 4・12）．

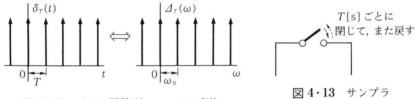

図 4・12 デルタ関数列のフーリエ変換　　図 4・13 サンプラ

連続時間信号 $f(t)$ が与えられているとき，この信号を図 4・13 のような**サンプラ**と呼ばれる装置に通すと，$T[\mathrm{s}]$ ごとの時点における信号値のみが得られます．このような操作のことを**サンプリング**（あるいは**標本化**，または**離散化**），得られた信号のことを**離散時間信号**と呼びます．$f(t)$ を離散化した信号 $f_T(t)$ は，$f(t)$ とデルタ関数列 $\delta_T(t)$ との積により

$$f_T(t)=f(t)\delta_T(t)=\sum_{n=-\infty}^{\infty}f(t)\delta(t-nT)=\sum_{n=-\infty}^{\infty}f(nT)\delta(t-nT)$$

と表すことができます（図 4・14）．ただし，$f(nT)$ は $t=nT$ における $f(t)$ の関数値を意味しています．**1・3**で述べたように，デルタ関数はパルスの幅が無限に小さく，面積が1となるような関数で，物理的に実現することはできません．図示する際にも，無限大の高さで，無限に小さい幅のパルスを描くことはできないので，便宜的に

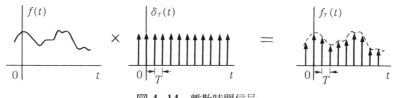

図 4・14 離散時間信号

$$\delta(t)=\begin{cases}1 & (t=0)\\ 0 & (t\neq 0)\end{cases}$$

として，高さ1で表すことが多く行われています．そのようにすれば，$f(nT)\delta(t-nT)$ は $f(nT)$ の高さで表記することができます．その積分値は，

$$\int_{-\infty}^{\infty}\delta(t)dt=1 \quad \text{および} \quad \int_{-\infty}^{\infty}f(t)\delta(t)dt=f(0)$$

から，

$$\int_{-\infty}^{\infty}f(nT)\delta(t-nT)dt=f(nT)$$

となります．

（3） ポアソンの求和式

フーリエ解析において，よく用いられるポアソンの求和式と呼ばれる恒等式があります．本章の後半で使用しますので，ここで説明しておきます．

任意の関数 $f(t)$ とデルタ関数 $\delta(t)$ の畳み込み積分を行うと，

$$f(t)*\delta(t)=\int_{-\infty}^{\infty}f(\tau)\delta(t-\tau)d\tau=f(t)$$

となって，もとの関数 $f(t)$ となります．このことから，$f(t)$ とデルタ関数列 $\delta_T(t)$ との畳み込み積分は

$$f(t)*\delta_T(t)=f(t)*\sum_{n=-\infty}^{\infty}\delta(t-nT)=\sum_{n=-\infty}^{\infty}f(t)*\delta(t-nT)$$

$$=\sum_{n=-\infty}^{\infty}\int_{-\infty}^{\infty}f(\tau)\delta(t-nT-\tau)d\tau=\sum_{n=-\infty}^{\infty}f(t-nT)$$

となります．ここで，$f(t)*\delta_T(t)$ をフーリエ変換します．前節で求めた

$$\mathfrak{F}[\delta_T(t)]=\varDelta_T(\omega)=\omega_0\sum_{n=-\infty}^{\infty}\delta(\omega-n\omega_0)$$

を用いると，畳み込み積分のフーリエ変換の性質により，

$$\mathfrak{F}[f(t)*\delta_T(t)]=F(\omega)\varDelta_T(\omega)=F(\omega)\cdot\omega_0\sum_{n=-\infty}^{\infty}\delta(\omega-n\omega_0)$$

$$=\omega_0\sum_{n=-\infty}^{\infty}F(\omega)\delta(\omega-n\omega_0)=\omega_0\sum_{n=-\infty}^{\infty}F(n\omega_0)\delta(\omega-n\omega_0)$$

となります．そこで，フーリエ逆変換をしてみると，**例題 2-7** の $1 \Leftrightarrow 2\pi\delta(\omega)$ に周波数軸の平行移動の性質を適用して，$e^{jn\omega_0 t} \Leftrightarrow 2\pi\delta(\omega-n\omega_0)$ ですから

$$\mathfrak{F}^{-1}[\omega_0 \sum_{n=-\infty}^{\infty} F(n\omega_0)\delta(\omega-n\omega_0)] = \omega_0 \mathfrak{F}^{-1}[\sum_{n=-\infty}^{\infty} F(n\omega_0)\delta(\omega-n\omega_0)]$$

$$= \omega_0 \sum_{n=-\infty}^{\infty} \mathfrak{F}^{-1}[F(n\omega_0)\delta(\omega-n\omega_0)] = \omega_0 \sum_{n=-\infty}^{\infty} \frac{1}{2\pi} F(n\omega_0) e^{jn\omega_0 t}$$

$$= \frac{2\pi}{T} \cdot \frac{1}{2\pi} \sum_{n=-\infty}^{\infty} F(n\omega_0) e^{jn\omega_0 t} = \frac{1}{T} \sum_{n=-\infty}^{\infty} F(n\omega_0) e^{jn\omega_0 t}$$

となり，結局

$$\sum_{n=-\infty}^{\infty} f(t-nT) = \frac{1}{T} \sum_{n=-\infty}^{\infty} F(n\omega_0) e^{jn\omega_0 t}$$

の関係が得られます．これを**ポアソンの求和式**（あるいは**ポアソンの和公式**）といいます．この式の左辺は $\sum_{n=-\infty}^{\infty} f(t-nT) = \sum_{n=-\infty}^{\infty} f(t+nT)$ であり，$t=0$ と置けば

$$\sum_{n=-\infty}^{\infty} f(nT) = \frac{1}{T} \sum_{n=-\infty}^{\infty} F(n\omega_0)$$

となります．

（4） **理想的なパルス列 $\delta_T(t)$ による連続時間関数 $f(t)$ のサンプリング**

信号を伝送するときに，連続時間信号波の時間軸と振幅軸を離散化することがあります．ここでは，時間軸のみを離散化するときにフーリエ変換がどのように応用されているか見てみましょう．(2) で述べたように，連続時間信号波 $f(t)$ とデルタ関数列 $\delta_T(t)$ の積をとると，$f(t)$ は時間軸に関してサンプリング（離散化）されて，$f_T(t)=f(t)\delta_T(t)$ が得られました．それでは，デルタ関数列 $\delta_T(t)$ の角周波数 $\omega_0 = \frac{2\pi}{T}$（あるいはサンプリング周期 T）をどのように決めたらよいのでしょうか．角周波数 ω_0 が低すぎる（周期 T が大きすぎる）と，もとの連続時間信号波を正しく復元することはできません（図 4・15(a)）．ω_0 を高くする（T を小さくする）と（同図(b)），

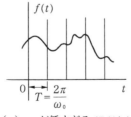

(a) ω_0 が低すぎる（T が大きすぎる）ともとの信号を正しく復元できない

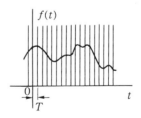

(b) ω_0 が高すぎる（T が小さすぎる）とデータ量が増えて費用がかさむ

図 4・15 サンプリング角周波数とサンプリング周期

その分だけデータ量が増えることになり，費用がかさみます．以下に，ω_0 の決め方について説明します．

離散時間信号波 $f_T(t)$ をフーリエ変換した
$$F_T(\omega) = \mathfrak{F}[f_T(t)] = \mathfrak{F}[f_T(t)\delta_T(t)]$$
は周期 ω_0 の周期関数
$$F_T(\omega) = \frac{1}{T} \sum_{n=-\infty}^{\infty} F(\omega - n\omega_0)$$
となります（この式の導出はこの後に説明します）．$F_T(\omega)$ の1周期の中に $F(\omega)(|\omega| \leq \omega_h)$ の波形が完全に含まれていれば，低域通過フィルタにより $F(\omega)$ をとり出すことができます．すなわち，$f(t)$ が復元できることになります．つまり，デルタ関数列 $\delta_T(t)$ の角周波数 ω_0 は $f(t)$ に含まれる最大角周波数 ω_h の2倍以上 $\left(\omega_0 \geq 2\omega_h, \text{周期} T は T \leq \frac{\pi}{\omega_h}\right)$ あればよいことが分かります．図 4・16 にこの関係を示します．ただし，$f(t)$ のフーリエ変換は同図 (a) の $F(\omega)$ の波形であると仮定します．この関係は**標本化定理**（あるいは**サンプリング定理**）と呼ばれ，このときの角周波数 ω_0 を**サンプリング角周波数**，周期 T を**サンプリング周期**といいます．この角周波数でサンプリングすれば，もとの連続時間信号波 $f(t)$ の復元が可能になるのです．以後，$\omega_0 = 2\omega_h$ とすることにします．

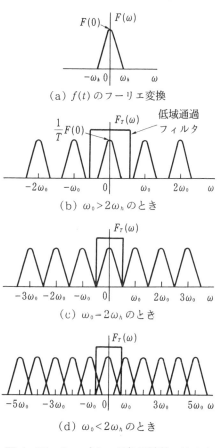

(a) $f(t)$ のフーリエ変換

(b) $\omega_0 > 2\omega_h$ のとき

(c) $\omega_0 = 2\omega_h$ のとき

(d) $\omega_0 < 2\omega_h$ のとき

図 4・16　サンプリング角周波数の決め方

124　　　　　　第4章　フーリエ級数・フーリエ変換の応用

それでは，連続時間信号波 $f(t)$ をデルタ関数列 $\delta_T(t)$ でサンプリングする過程を見てみましょう．$f(t)$ と $\delta_T(t)$ の積

$$f_T(t) = f(t)\delta_T(t) = \sum_{n=-\infty}^{\infty} f(nT)\delta(t-nT)$$

をフーリエ変換すると，

$$F_T(\omega) = \mathfrak{F}[f_T(t)] = \int_{-\infty}^{\infty} \{\sum_{n=-\infty}^{\infty} f(nT)\delta(t-nT)e^{-j\omega t}dt$$

$$= \sum_{n=-\infty}^{\infty} f(nT)\int_{-\infty}^{\infty} \delta(t-nT)e^{-j\omega t}dt = \sum_{n=-\infty}^{\infty} f(nT)e^{-j\omega nt}$$

となります．ここで前節のポアソンの求和式

$$\sum_{n=-\infty}^{\infty} f(t-nT) = \frac{1}{T}\sum_{n=-\infty}^{\infty} F(n\omega_0)e^{jn\omega_0 t}$$

を次のように変形して適用します．フーリエ変換の対称性の性質，$f(t) \Leftrightarrow F(\omega)$ のとき $F(t) \Leftrightarrow 2\pi f(-\omega)$ から，両辺の関数および変数を入れ替え，$f \leftrightarrow F$, $t \leftrightarrow \omega$, $T \leftrightarrow \omega_0$ とすると

$$\sum_{n=-\infty}^{\infty} F(\omega-n\omega_0) = \frac{2\pi}{\omega_0}\sum_{n=-\infty}^{\infty} f(nT)e^{-jn\omega T}$$

$$\sum_{n=-\infty}^{\infty} F(\omega-n\omega_0) = T\sum_{n=-\infty}^{\infty} f(nT)e^{-jn\omega T}$$

となり，両辺を入れ替えて，

$$\sum_{n=-\infty}^{\infty} f(nT)e^{-jn\omega T} = \frac{1}{T}\sum_{n=-\infty}^{\infty} F(\omega-n\omega_0)$$

の関係が得られます．この関係を先の $F_T(\omega)$ の式に代入すると，

$$F_T(\omega) = \sum_{n=-\infty}^{\infty} f(nT)e^{-jn\omega T} = \frac{1}{T}\sum_{n=-\infty}^{\infty} F(\omega-n\omega_0) = \frac{1}{T}\sum_{n=-\infty}^{\infty} F(\omega-2n\omega_h)$$

となり，この式はサンプリングされた信号 $f_T(t)$ の周波数スペクトルを表しています．

さらに，この $F_T(\omega)$ を時間領域における関数の積 $f(t)\delta_T(t)$ のフーリエ変換から

$$F_T(\omega) = \mathfrak{F}[f_T(t)] = \mathfrak{F}[f(t)\delta_T(t)]$$

として求めてみましょう．（2）で求めたように，$\delta_T(t)$ のフーリエ変換 $\Delta_T(\omega)$ は

$$\Delta_T(\omega) = \omega_0\sum_{n=-\infty}^{\infty} \delta(\omega-n\omega_0)$$

ですから，2つの時間関数の積に関するフーリエ変換の性質により

$$F_T(\omega) = \mathfrak{F}[f(t)\delta_T(t)] = \frac{1}{2\pi}\{\mathfrak{F}[f(t)] * \mathfrak{F}[\delta_T(t)]\} = \frac{1}{2\pi}F(\omega) * \Delta_T(\omega)$$

$$= \frac{1}{2\pi} F(\omega) * \omega_0 \sum_{n=-\infty}^{\infty} \delta(\omega - n\omega_0) = \frac{\omega_0}{2\pi} \{F(\omega) * \delta(\omega - n\omega_0)\}$$

$$= \frac{1}{T} \sum_{n=-\infty}^{\infty} \left\{ \int_{-\infty}^{\infty} F(\omega - \tau) \delta(\tau - n\omega_0) d\tau \right\} = \frac{1}{T} \sum_{n=-\infty}^{\infty} F(\omega - n\omega_0)$$

$$= \frac{1}{T} \sum_{n=-\infty}^{\infty} F(\omega - 2n\omega_h)$$

となって，ポアソンの求和式から求めた式と一致します．この式を見ると，離散時間信号波 $f_T(t)$ のフーリエ変換 $F_T(\omega)$ は，周波数軸上に間隔 $\omega_0 \left(= \dfrac{2\pi}{T} = 2\omega_h \right)$ ごとに連続時間信号波 $f(t)$ の周波数領域波形 $F(\omega)$ が繰り返し現れることを

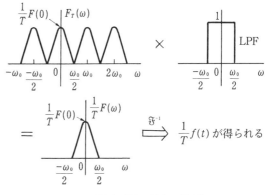

図 4・17 $f(t)$ の復元

示しています．したがって，帯域幅 $-\dfrac{\omega_0}{2}(=-\omega_h) \sim \dfrac{\omega_0}{2}(=\omega_h)$ の低域通過フィルタ (low pass filter を略して **LPF** という) によってもとの信号 $f(t)$ が復元できます．その様子を図 4・17 に示しました．

(5) ゲート関数を用いた信号の復元

前節で述べたように，連続時間信号 $f(t)$ からサンプリングされた離散時間信号 $f_T(t)$ の周波数領域信号 $F_T(\omega)$ を，遮断角周波数 ω_h[rad/s] の低域通過フィルタに通すことにより，もとの信号 $f(t)$ が復元できることが分かりました．この低域通過フィルタとして，(1) でとり上げた理想的なフィルタを考えてみましょう．

このフィルタは周波数領域の関数 $G(\omega)$ として，次式で定義され

$$G(\omega) = \begin{cases} 1 & \left(|\omega| \leq \dfrac{\omega_0}{2} = \omega_h \right) \\ 0 & \left(|\omega| > \dfrac{\omega_0}{2} = \omega_h \right) \end{cases}$$

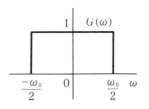

図 4・18 ゲート関数

ゲート関数と呼ばれます（図 4・18）．$F_T(\omega)$ と

$G(\omega)$ の積をとると，**図 4・18** から分かるように，$F_T(\omega) = \dfrac{1}{T} \sum\limits_{n=-\infty}^{\infty} F(\omega - n\omega_0)$

の $-\dfrac{\omega_0}{2} = -\omega_h \sim \dfrac{\omega_0}{2} = \omega_h$ の範囲のみが通過域となり，$\dfrac{1}{T}F(\omega)$ の波形がとり

出されることになります．したがって，$F_T(\omega)G(\omega)$ のフーリエ逆変換は

$$\mathfrak{F}^{-1}[F_T(\omega)G(\omega)] = \mathfrak{F}^{-1}\left[\frac{1}{T}F(\omega)\right] = \frac{1}{T}\mathfrak{F}^{-1}[F(\omega)] = \frac{1}{T}f(t)$$

となり，確かにもとの信号 $f(t)$ が復元できることが確かめられます．ただし，振幅は $\dfrac{1}{T}$ 倍されます．

$F_T(\omega)$ と $G(\omega)$ の積 $F_T(\omega)G(\omega)$ のフーリエ逆変換は，2 つの時間信号の畳み込み積分のフーリエ変換の性質から，

$$\mathfrak{F}^{-1}[F_T(\omega)G(\omega)] = f_T(t) * g(t)$$

と表すこともできます．ただし，$\mathfrak{F}^{-1}[G(\omega)] = g(t)$ としています．$\mathfrak{F}^{-1}[F_T(\omega)G(\omega)]$ は $\dfrac{1}{T}f(t)$ となることが分かっていますから，畳み込み積分の結果も

$$f_T(t) * g(t) = \frac{1}{T}f(t)$$

となるはずです．実際に求めてみましょう．$G(\omega)$ のフーリエ逆変換 $g(t)$ は **2・2・5** の (5) の対称性の性質で説明した**図 2・20** により，

$$g(t) = \frac{\omega_h}{\pi} \cdot \frac{\sin \omega_h t}{\omega_h t} = \frac{\omega_0}{2\pi} \cdot \frac{\sin \dfrac{\omega_0 t}{2}}{\dfrac{\omega_0 t}{2}} = \frac{\omega_h}{\pi} \operatorname{sinc}(\omega_h t) = \frac{\omega_0}{2\pi} \operatorname{sinc}\left(\frac{\omega_0 t}{2}\right)$$

となります．したがって，

$$
\begin{aligned}
f_T(t) * g(t) &= \left\{ \sum_{n=-\infty}^{\infty} f(nT)\delta(t-nT) \right\} * \left\{ \frac{\omega_0}{2\pi} \operatorname{sinc}\left(\frac{\omega_0 t}{2}\right) \right\} \\
&= \frac{\omega_0}{2\pi} \sum_{n=-\infty}^{\infty} \left[\left\{ f(nT)\delta(t-nT) \right\} * \left\{ \operatorname{sinc}\left(\frac{\omega_0 t}{2}\right) \right\} \right] \\
&= \frac{1}{T} \sum_{n=-\infty}^{\infty} \left[\int_{-\infty}^{\infty} f(nT) \operatorname{sinc}\left(\frac{\omega_0 t}{2}\right) \delta\{t-(\tau-nT)\}d\tau \right] \\
&= \frac{1}{T} \sum_{n=-\infty}^{\infty} \left\{ f(nT) \operatorname{sinc} \frac{\omega_0(t-nT)}{2} \right\} \\
&= \frac{1}{T} \sum_{n=-\infty}^{\infty} \left\{ f(nT) \frac{\sin \dfrac{\omega_0(t-nT)}{2}}{\dfrac{\omega_0(t-nT)}{2}} \right\}
\end{aligned}
$$

となり，$t=nT$ ごとに，そこを中心とする標本化関数

$$\frac{\sin\dfrac{\omega_0(t-nT)}{2}}{\dfrac{\omega_0(t-nT)}{2}} = \operatorname{sinc}\left\{\frac{\omega_0(t-nT)}{2}\right\}$$

に $f(t)$ を乗じて，$n=-\infty\sim\infty$ まで足し合わせて $f(t)$ を復元しています（**図4・19**）．この標本化関数（sinc 関数）は $t=nT$ では 1，それ以外のサンプル点では 0，サンプル点間では関数値を重ね合わせて $f(t)$ と等しい値になります．このことを**内挿**（または**補間**）といいます．

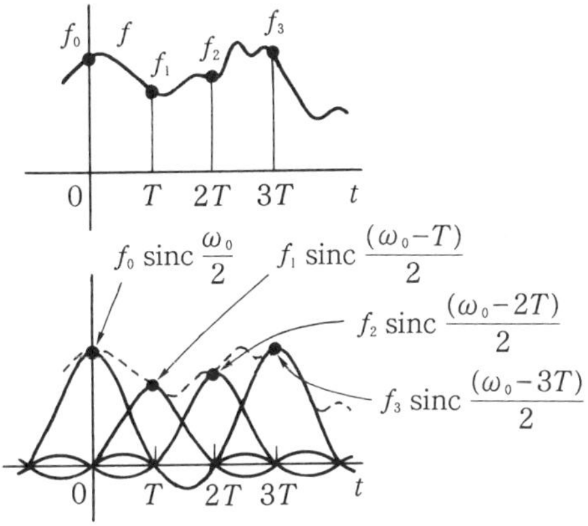

（6）信号の復元とサンプリング条件

前節までで，もとの時間信号がサンプリングした信号から正しく復元できることが分かったと思いますが，それには条件がありました．（4）で述べたように，サンプリング角周波数 ω_0 が $\omega_0 \geq 2\omega_h$ の条件（**サンプリングの条件**）を満たしていれば，正しい復元が可能です．ところが，この条件が満たされない場合はどのようになるでしょう．連続時間信号 $f(t)$ をサンプリングした離散波形 $f_T(t)$ のフーリエ変換 $F_T(\omega)$ は

$$F_T(\omega) = \frac{1}{T}\sum_{n=-\infty}^{\infty} F(\omega-n\omega_0)$$

と表され，$f(t)$ のフーリエ変換 $F(\omega)$ を $\dfrac{1}{T}$ 倍した相似形の波形が ω_0 ごとに繰り返す波形でしたから，もしサンプリングの条件を満たさなければ，**図4・20** に示すように，繰り返した相似形が隣ど

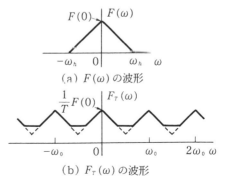

図4・19 sinc 関数による内挿

(a) $F(\omega)$ の波形

(b) $F_T(\omega)$ の波形

図4・20 折り返し歪み

128 第4章 フーリエ級数・フーリエ変換の応用

うしで重なってしまい，ゲート関数により $\frac{1}{T}F(\omega)$ $(|\omega|\leq\omega_h)$ の部分だけをうまく切り出すことができなくなります．ただし，この図では，$F(\omega)$ を三角形の波形と仮定しています．この重なった部分を含んで切り出された波形を時間領域に戻すと，もとの信号波形と同じではなく，歪んだ波形となることから，歪んだ部分のことを**折り返し歪み（エイリアシング）**と呼びます．実際の音声や音楽信号から，サンプリング条件を満たさない条件でサンプリングされた信号は，復元しようとしても，もと通りの周波数特性をもつ音にはならず，聞いてみると歪んだ音に聞こえるはずです．それは，折り返し歪みの影響が現れているからです．

　サンプリングの条件を満たすようにサンプリング角周波数を選ぶ必要があることが分かったでしょう．たとえば，コンパクトディスク（CD）の場合，サンプリング周波数 $f_0=\frac{\omega_0}{2\pi}$ を 44.1 [kHz] としています．これは，人間の耳に聞こえる可聴周波数が約 20 [kHz] であることから，$f_h=20$ [kHz] として，$2f_h=40$ [kHz] に余裕をもたせて決められており，サンプリングの条件 $f_0\geq 2f_h=40$ [kHz] を満たしています．

【例題 4−2】 あるオーディオ信号の周波数スペクトルが，10 [kHz] 以上は 0 であるとき，この信号をサンプリングレイト 2×10^4 [サンプル/s] でサンプリングし，遮断周波数 10 [kHz] のローパスフィルタを通した信号からもとの信号が復元できるかどうか調べよ．

　[解] サンプリングレイト 2×10^4 [サンプル/s] ということは，サンプリング周波数 $f_0=2\times10^4$ [Hz] ということです．遮断周波数は $f_h=10$ [kHz] ですから，サンプリングの条件 $f_0\geq 2f_h$ を満たしており，もとの信号が正しく復元できることになります．

【問題 4・4】 周波数 1 [Hz] の余弦波 $\cos 2\pi t$ をサンプリングする場合，もとの信号を正しく復元することが可能な最大のサンプリング間隔を求めよ．

　[略解] $f_h=1$ [Hz] なので，サンプリングの条件
$$f_0\geq 2f_h=2\times1 [\text{Hz}]=2 [\text{Hz}]$$
から
$$T=\frac{1}{f_0}\leq\frac{1}{2}=0.5 [\text{s}]$$
となり，最大サンプリング間隔は 0.5 [s] となります．

練 習 問 題 4

4・1 次の関数
$$f(t) = t^2 \quad (-\pi \leq t \leq \pi), \quad f(t+2\pi) = f(t)$$
のフーリエ級数展開を利用して
$$1 - \frac{1}{4} + \frac{1}{9} - \frac{1}{16} + \frac{1}{25} - \cdots = \sum_{k=1}^{\infty} \left\{ (-1)^{k+1} \frac{1}{k^2} \right\} = \frac{\pi^2}{12}$$
となることを示せ.

[略解] 問題 **4・1** から, $f(t)$ のフーリエ級数展開は次式で表されます.
$$f(t) = \frac{\pi^2}{3} - 4 \sum_{k=1}^{\infty} \left\{ (-1)^{k+1} \frac{1}{k^2} \cos k t \right\}$$
ここで, $t = 0$ と置くと,
$$0 = \frac{\pi^2}{3} - 4 \sum_{k=1}^{\infty} \left\{ (-1)^{k+1} \frac{1}{k^2} \cos 0 \right\}$$
$$\frac{\pi^2}{12} = \sum_{k=1}^{\infty} \left\{ (-1)^{k+1} \frac{1}{k^2} \right\}$$
となります.

4・2 問題 **2・2** の三角波のフーリエ級数展開を利用して
$$1 + \frac{1}{9} + \frac{1}{25} + \frac{1}{49} + \cdots = \sum_{k=1}^{\infty} \frac{1}{(2k-1)^2} = \frac{\pi^2}{8}$$
となることを示せ.

[略解] 問題 **2・2** の結果から,
$$f(t) = \frac{1}{2} + \frac{4}{\pi^2} \left(\cos t + \frac{1}{9} \cos 3t + \frac{1}{25} \cos 5t + \frac{1}{49} \cos 7t + \cdots \right)$$
が分かっていますから, $t = 0$ と置けば,
$$左辺 = 1$$
$$右辺 = \frac{1}{2} + \frac{4}{\pi^2} \left(1 + \frac{1}{9} + \frac{1}{25} + \frac{1}{49} + \cdots \right)$$
より, 左辺 = 右辺 として整理すると
$$\frac{\pi^2}{8} = \sum_{k=1}^{\infty} \frac{1}{(2k-1)^2}$$
が得られます. これは, **4・2**(2)で矩形波のフーリエ級数展開式にパーセバルの等式を適用して得られた結果と同じです.

130　　　　第4章　フーリエ級数・フーリエ変換の応用

4・3　問題 **4・1** の2乗曲線のフーリエ級数展開式にパーセバルの等式を適用して

$$1+\frac{1}{2^4}+\frac{1}{3^4}+\frac{1}{4^4}+\cdots=\sum_{k=1}^{\infty}\frac{1}{k^4}=\frac{\pi^4}{90}$$

となることを示せ.

　[略解]　問題 **4・1** の結果から,

$$a_k=\begin{cases}\dfrac{2\pi^2}{3} & (k=0)\\[2mm] (-1)^k\dfrac{4}{k^2} & (k>0)\end{cases}, \qquad b_k=0$$

ですから, パーセバルの等式の左辺は

$$左辺=\frac{1}{2\pi}\int_{-\pi}^{\pi}t^4dt=\frac{2}{2\pi}\int_0^{\pi}t^4dt=\frac{1}{\pi}\left|\frac{1}{5}t^5\right|_0^{\pi}=\frac{1}{5\pi}\pi^5=\frac{\pi^4}{5}$$

$$右辺=\frac{1}{4}a_0^2+\frac{1}{2}\sum_{k=1}^{\infty}(a_k^2+b_k^2)=\frac{1}{4}\left(\frac{2\pi^2}{3}\right)^2+\frac{1}{2}\sum_{k=1}^{\infty}\left\{(-1)^k\frac{4}{k^2}\right\}^2$$

$$=\frac{\pi^4}{9}+8\sum_{k=1}^{\infty}\frac{1}{k^4}$$

となるので, 左辺＝右辺より

$$\frac{\pi^4}{5}=\frac{\pi^4}{9}+8\sum_{k=1}^{\infty}\frac{1}{k^4}$$

$$\left(\frac{1}{5}-\frac{1}{9}\right)\frac{\pi^4}{8}=\sum_{k=1}^{\infty}\frac{1}{k^4}$$

$$\frac{\pi^4}{90}=\sum_{k=1}^{\infty}\frac{1}{k^4}$$

が得られます.

4・4　定積分 $\displaystyle\int_{-\infty}^{\infty}\frac{\sin^2\omega}{\omega^2}d\omega$ の値を求めよ.

　[略解]　問題 **2・8** で与えられた関数

$$f(t)=\begin{cases}-\dfrac{|t|}{T}+1 & (|t|\le T)\\[2mm] 0 & (|t|>T)\end{cases}$$

のフーリエ変換は

$$F(\omega)=\frac{4}{\omega^2T}\sin^2\frac{\omega T}{2}$$

と得られていますから, フーリエ逆変換から

$$f(t) = \frac{1}{2\pi} \int_{-\infty}^{\infty} \left(\frac{4}{\omega^2 T} \sin^2 \frac{\omega T}{2} \right) e^{j\omega t} d\omega$$

変形すると

$$\int_{-\infty}^{\infty} \left(\frac{2}{\omega^2 T} \sin^2 \frac{\omega T}{2} \right) e^{j\omega t} d\omega = \pi f(t) = \begin{cases} \left(-\frac{|t|}{T} + 1 \right) \pi & (|t| \leq T) \\ 0 & (|t| > T) \end{cases}$$

オイラーの公式を左辺に代入して

$$\int_{-\infty}^{\infty} \left(\frac{2}{\omega^2 T} \sin^2 \frac{\omega T}{2} \right) e^{j\omega t} d\omega = \int_{-\infty}^{\infty} \left(\frac{2}{\omega^2 T} \sin^2 \frac{\omega T}{2} \right) \cdot (\cos \omega t + j \sin \omega t) d\omega$$
$$= \int_{-\infty}^{\infty} \left(\frac{2}{\omega^2 T} \sin^2 \frac{\omega T}{2} \right) \cos \omega t \, d\omega + j \int_{-\infty}^{\infty} \left(\frac{2}{\omega^2 T} \sin^2 \frac{\omega T}{2} \right) \sin \omega t \, d\omega$$

2項目は奇関数のため0となり

$$\int_{-\infty}^{\infty} \left(\frac{2}{\omega^2 T} \sin^2 \frac{\omega T}{2} \right) \cos \omega t \, d\omega = \begin{cases} \left(-\frac{|t|}{T} + 1 \right) \pi & (|t| \leq T) \\ 0 & (|t| > T) \end{cases}$$

が得られます. $T=2$ と置いて, $t=0$ とすれば, 結局, 次のようになります.

$$\int_{-\infty}^{\infty} \frac{\sin^2 \omega}{\omega^2} d\omega = \pi$$

4・5 単位ステップ関数

$$u(t) = \begin{cases} 0 & (t < 0) \\ 1 & (t \geq 0) \end{cases}$$

のフーリエ変換を求めよ.

[略解] 練習問題 2・8 では, 関数

$$f(t) = \begin{cases} -e^{at} & (t < 0) \\ e^{-at} & (t \geq 0) \end{cases}$$

のフーリエ変換を求め, さらに結果の

$$F(\omega) = \frac{-j2\omega}{a^2 + \omega^2}$$

について $a \to 0$ とすることにより, sgn 関数 (符号関数)

$$f(t) = \begin{cases} -1 & (t < 0) \\ 1 & (t \geq 0) \end{cases}$$

のフーリエ変換

$$F(\omega) = \frac{2}{j\omega}$$

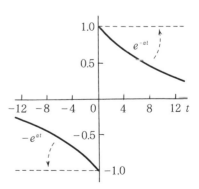

図 4・21 符号関数 ($a = 0.1$ の場合)

を求めました（図 4-21）．また，**例題 2-7** では，フーリエ変換の対称性の性質を用いて，

$$\mathfrak{F}[1]=2\pi\delta(\omega)$$

が得られています．単位ステップ関数 $u(t)$ は

$$u(t)=\frac{1}{2}\{1+\mathrm{sgn}(t)\}=\frac{1}{2}+\frac{1}{2}\mathrm{sgn}(t)$$

と表すことができますから（図 4-22），線形性の性質から，

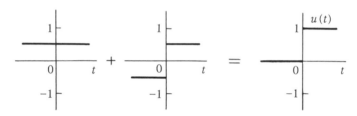

図 4・22 単位ステップ関数

$$\mathfrak{F}[u(t)]=\mathfrak{F}\left[\frac{1}{2}+\frac{1}{2}\mathrm{sgn}(t)\right]=\mathfrak{F}\left[\frac{1}{2}\right]+\mathfrak{F}\left[\frac{1}{2}\mathrm{sgn}(t)\right]$$

$$=\frac{1}{2}\mathfrak{F}[1]+\frac{1}{2}\mathfrak{F}[\mathrm{sgn}(t)]=\frac{1}{2}\cdot 2\pi\delta(\omega)+\frac{1}{2}\cdot\frac{2}{j\omega}=\pi\delta(\omega)+\frac{1}{j\omega}$$

が得られます．

4・6 図 4-23 の LR 回路の入力側に $v_i(t)=5e^{-2t}u(t)$ の電圧を加えた．このときのシステム関数 $H(\omega)$ を求め，これから出力側の電圧 $v_o(t)$ を求めよ．

[略解] 入力電圧のフーリエ変換は

$$V_i(\omega)=\mathfrak{F}[v_i(t)]=\mathfrak{F}[5e^{-2t}u(t)]$$

$$=\frac{5}{2+j\omega}$$

となります．システム関数 $H(\omega)$ は

$$V_o(\omega)=\frac{j\omega L}{R+j\omega L}V_i(\omega)$$

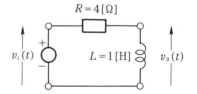

図 4・23 LR 回路（練習問題 4・6）

の関係より，

$$H(\omega)=\frac{V_o(\omega)}{V_i(\omega)}=\frac{j\omega L}{R+j\omega L}=\frac{j\omega}{\dfrac{R}{L}+j\omega}=\frac{j\omega}{\dfrac{4}{1}+j\omega}=\frac{j\omega}{4+j\omega}$$

となりますから，出力電圧 $v_o(t)$ は，

$$V_o(\omega) = H(\omega)V_i(\omega) = \frac{j\omega}{4+j\omega} \cdot \frac{5}{2+j\omega} = 5 \cdot \frac{j\omega}{(4+j\omega)(2+j\omega)}$$
$$= 5\left(\frac{2}{4+j\omega} - \frac{1}{2+j\omega}\right)$$

となるため，逆フーリエ変換から

$$v_o(t) = \mathfrak{F}^{-1}[V_o(\omega)] = \mathfrak{F}^{-1}\left[5\left(\frac{2}{4+j\omega} - \frac{1}{2+j\omega}\right)\right] = (10e^{-4t} - 5e^{-2t})u(t)$$

が得られます．

$H(\omega)$ の振幅特性 $|H(\omega)|$ は

$$|H(\omega)| = \left|\frac{V_o(\omega)}{V_i(\omega)}\right| = \left|\frac{j\omega L}{R+j\omega L}\right| = \frac{\omega L}{\sqrt{R^2+\omega^2 L^2}} = \frac{\omega \times 1}{\sqrt{16+\omega^2 \times 1^2}} = \frac{\omega}{\sqrt{16+\omega^2}}$$

となり，図 4・24 の特性を示し，高域通過フィルタ (high pass filter, HPF) として用いられます．遮断角周波数 ω_c は

$$\left|\frac{V_o(\omega)}{V_i(\omega)}\right| = \frac{\omega_c L}{\sqrt{R^2+\omega_c^2 L^2}} = \frac{1}{\sqrt{2}}$$

より

$$\frac{\omega_c^2 L^2}{R^2+\omega_c^2 L^2} = \frac{1}{2}$$

ですから，$\omega_c^2 L^2 = R^2$ となり，

$$\omega_c = \frac{R}{L} = \frac{4}{1} = 4\,[\mathrm{rad/s}]$$

となります．

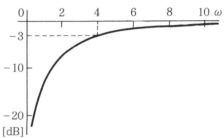

図 4・24 LR 回路のシステム関数の振幅特性 (練習問題 4・6)

4・7 周波数 9[Hz] の余弦波信号 $x(t)$ の周波数スペクトル $X(f)$ を図 4・25 のように表現したとする．このとき，$x(t)$ を $T=0.05$[s] でサンプリングした信号の周波数スペクトル $X_T(f)$ を求めて図示せよ．また，$T=0.1$[s] のときの周波数スペクトルも同様に求めよ．

[略解] サンプリング周期 $T=0.05$[s] からサンプリング周波数 f_0[Hz] は

$$f_0 = \frac{1}{T} = \frac{1}{0.05} = 20\,[\mathrm{Hz}]$$

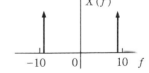

図 4・25 余弦波信号の周波数スペクトル (練習問題 4・7)

となります．$X_T(f)$ は

$$X_T(f) = \frac{1}{T}\sum_{n=-\infty}^{\infty} X(f-nf_0)$$

より，もとの信号 $x(t)$ の周波数スペクトル $X(f)$ が 20 倍されて 20[Hz] ごとに繰り

返されるので，図 4・26 (a) のようになり，30 [Hz] 以下では，9 [Hz]，11 [Hz]，29 [Hz] の余弦波成分が現れることが分かります．そこで，遮断周波数 $f_c = 10$ [Hz] の LPF (点線) を通すことにより，もとの 9 [Hz] の信号だけをとり出して復元することができます．

周期 $T = 0.1$ [s] のときは，

$$f_0 = \frac{1}{T} = \frac{1}{0.1} = 10 \,[\text{Hz}]$$

となり，同図 (b) に示すように，30 [Hz] 以下では，1 [Hz]，9 [Hz]，11 [Hz]，19 [Hz]，21 [Hz]，29 [Hz] の余弦波成分が現れ，$f_c = 10$ [Hz] の LPF を通すと，1 [Hz]，9 [Hz] が通過域に入り，もとの 9 [Hz] の信号だけをとり出すことはできません．

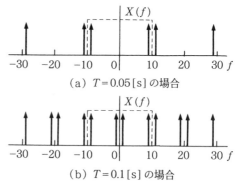

図 4・26 サンプリングされた余弦波信号の周波数スペクトル (練習問題 4・7)

前者の場合は，

$$f_0 (=20\,[\text{Hz}]) \geq 2f_h (=2 \times 9\,[\text{Hz}] = 18\,[\text{Hz}])$$

でサンプリングの条件を満たしていますが，後者の場合には

$$f_0 (=10\,[\text{Hz}]) < 2f_h (=18\,[\text{Hz}])$$

となって同条件を満たしていません．

4・8 連続時間信号 $f(t) = \cos 200\pi t + 0.2 \cos 700\pi t$ を 400 [サンプル/s] でサンプリングした後，通過帯域 0〜200 [Hz] の LPF を通過させたとする．このとき得られた信号はどのようになるか求めよ．

[略解] サンプリング間隔は $T = \dfrac{1}{400}$ [s] で，サンプリング周波数は $f_0 = \dfrac{1}{T} = 400$ [Hz] ですから，サンプリングされた信号 $f_T(t)$ の周波数特性 $F_T(f)$ は，400 [Hz] ごとにもとの信号の成分 (100 [Hz] と 350 [Hz] の余弦波) が $\dfrac{1}{T}$ 倍されて繰り返し現れ，図 4・27 のようになります．これを $f_c = 200$ [Hz] の LPF (点線) に通すと同図から分かるように，$\cos 200\pi t + 0.2 \cos 100\pi t$

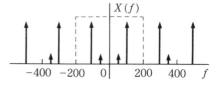

図 4・27 サンプリングされた 2 周波の余弦波信号の周波数スペクトル (練習問題 4・8)

練 習 問 題　4　　　　　135

の信号が得られることになります．ただし，振幅は $\frac{1}{T}=400$ 倍されています．こ
の問題で与えられた信号は，信号 (100 [Hz] の成分) ＋雑音 (350 [Hz] の成分) である
と解釈すれば，200 [Hz] 以下を通過させる LPF により，350 [Hz] の雑音成分を取
り除いた，信号成分をとり出すことができました．しかし，サンプリングの条件を
満たしていないことから，折り返し歪みの影響により，新たに 50 [Hz] の雑音成分
が発生しています．

索　引

ア　行

安定····························84

1階微分方程式·············21
位相スペクトル···········46, 54
因果関数·······················113
因果的システム··············74
因果律·······················113
インパルス応答···············72

エイリアシング···········128
s平面·······················84

折り返し歪み···········128

カ　行

ガウス積分·················101
重ね合わせの原理··········100
重ねの理·····················72
カットオフ角周波数·········116

ギブズ現象···················43
基本角周波数················43
基本波·······················38
境界条件·····················90
極··························84

偶拡張·······················110
偶関数拡張···················110

サ　行

区分的に滑らか···········43
系····························72
ゲート関数···············3, 125
原関数·························1
減衰関数·····················113

合成積·······················13
固有関数·····················100
固有値·······················100

サ　行

最終値·······················15
　── の定理··················16
三角関数·······················2
サンプラ·····················120
サンプリング·················120
　── 角周波数···············123
　── 周期···················123
　── 定理···················123
　── の条件·················127

指数位数·······················2
指数関数·····················2, 4
　── 的減衰·················113
システム関数·················115
実フーリエ級数展開··········45
実フーリエ係数···············45
時不変システム··············74
遮断角周波数················116
周期関数·····················12

収束座標················114	低域通過フィルタ·············116
出力応答··············81, 86	$\delta(t)$·····················3
初期値の定理············16	デルタ関数·············3, 72
シンク関数·············71	—— 列················119
ジンク関数·············71	伝達関数··············72, 73
進行波················91	
振幅スペクトル··········46, 54	特性方程式···············84

ナ 行

積分方程式············26	内 挿················127
絶対可積分············112	
線形システム···········72	2階斉次型微分方程式·········23
線形性················6	2階非斉次型微分方程式········24
線スペクトル···········46	入射波················91
全波整流波形···········13	
	熱伝導方程式·············97
像関数················1	
相似性················6	のこぎり波形············13
阻止域················119	

タ 行

ハ 行

第k高調波············38	パーセバルの等式·········105
畳み込み積分··········13, 72	波動方程式··············89
単位インパルス関数·········3	パルス波形···············3
—— 列················119	パワー················105
単位衝撃関数············3	—— スペクトル·········105
単位ステップ関数··········2	反射波················92
単位ランプ関数··········4	半波整流波形············29
力··················86	微分方程式···············21
直流分················38	標本化················120
直交関数系············38	—— 関数··············48
直交関数展開···········39	—— 定理··············123
通過域················119	不安定················84

索　引　　　　　　　　　　139

フーリエ解析 ……………………… 37
フーリエ逆変換 ………………… 53
フーリエ級数 ……………………… 38
　──展開 ………………………… 38
　──の収束定理 ………………… 42
フーリエ係数 ……………………… 38
フーリエ正弦逆変換 ……………110
フーリエ正弦級数 ……………… 41
フーリエ正弦変換 ……………… 57
フーリエ積分 ……………………… 55
　──定理 ………………………… 55
フーリエ変換 …………………… 53
　──対 …………………………… 53
　──の主な性質 (一覧表) ……… 66
フーリエ余弦逆変換 ……………109
フーリエ余弦級数 ……………… 40
フーリエ余弦変換 ……………… 56
複素フーリエ級数展開 ………… 45
複素フーリエ係数 ……………… 45
符号関数 …………………………… 68
ブロムウィッチ積分 ……………114

ヘビサイドの展開定理 ………17, 19
変　位 ……………………………… 86
偏微分方程式 …………………… 88

ポアソンの求和式 ………………122
方形波 ……………………………… 3
包絡線 ……………………………… 52
補　間 ……………………………127

マ　行

無歪線路 …………………………… 92

ラ　行

ライプニッツの公式 ……………104
ラプラス逆変換 ………………1, 17
ラプラス変換 ……………………… 1
　──の性質一覧表 ……………… 35
　──の存在定理 ………………114
　──表 …………………………… 33

力学系 ……………………………… 86
離散化 ……………………………120
離散時間信号 ……………………120
離散スペクトル ………………… 46
理想低域通過フィリタ …………115
リップル …………………………… 43
留数定理 …………………………114

連続スペクトル ………………… 53

著者略歴

森本義廣（もり もと よし ひろ）

熊本大学大学院修了

(旧) 総理府を経て国立高専教官

現在国立熊本電波工業高等専門学校 (現国立熊本高等専門学校) 名誉教授

〔おもな著書〕

① BASIC による数値計算入門 (啓学出版，単著)，1983 年
② 例題で学ぶ過渡現象 (森北出版，共著)，1988 年
③ わかりやすい数理計画 (日本理工出版会，単著)，2002 年
④ 技術系物理基礎 (日新出版，共著)，2012 年
⑤ よくわかる電気・電子回路計算の基礎 (日本理工出版会，編著)，2012 年

村上　純（むら かみ じゅん）

豊橋科学技術大学大学院修了　博士 (工学)

現在熊本高等専門学校 (旧熊本電波工業高等専門学校) 教授

〔おもな著書〕

① よくわかる電気・電子回路計算の基礎 (日本理工出版会，共著)，2012 年

基礎から応用までの
ラプラス変換・フーリエ解析　(実用理工学入門講座)

2015 年 3 月 10 日　初版印刷
2015 年 3 月 30 日　初版発行

　　　　　　　　　　　　　　　　　　Ⓒ　　編著者　森　本　義　廣
　　　　　　　　　　　　　　　　　　　　　共著者　村　上　　純

　　　　　　　　　　　　　　　　　　　　　発行者　小　川　浩　志

発行所　**日新出版株式会社**

東京都世田谷区深沢 5-2-20
TEL〔03〕(3701) 4112・(3703) 0105
FAX〔03〕(3703) 0106

ISBN978-4-8173-0250-2　　振替 00100-0-6044，郵便番号 158-0081

2015　Printed in Japan　　　　　　　印刷・製本　平河工業社

日新出版の教科書・参考書

わ か る 自 動 制 御	椹木・添田 編著	328頁
わ か る 自 動 制 御 演 習	椹木 監修 添田・中溝 共著	220頁
自 動 制 御 の 講 義 と 演 習	添田・中溝 共著	190頁
シ ス テ ム 工 学 の 基 礎	椹木・添田・中溝 編著	246頁
システム工学の講義と演習	添田・中溝 共著	174頁
システム制御の講義と演習	中溝・小林 共著	154頁
ディジタル制御の講義と演習	中溝・田村・山根・申 共著	166頁
シーケンス制御の基礎	中溝 監修 永田・斉藤 共著	90頁
ロ ボ ッ ト と 制 御 の 基 礎	坂 野 進 著	80頁
基 礎 か ら の 制 御 工 学	岡 本 良 夫 著	140頁
振 動 工 学 の 基 礎	添田・得丸・中溝・岩井 共著	198頁
振 動 工 学 の 講 義 と 演 習	岩井・日野・水本 共著	200頁
新 版 機 構 学 入 門	松田・曽我部・野飼 他著	178頁
機 械 力 学 の 基 礎	添田 監修 芳村・小西 共著	148頁
機 械 力 学 入 門	棚澤・坂野・田村・西本 共著	242頁
基 礎 か ら の 機 械 力 学	景山・矢口・山崎 共著	144頁
基礎からのメカトロニクス	岩井・荒木・橋本・岡 共著	158頁
基礎からのロボット工学	小松・福田・前田・吉見 共著	243頁
よくわかる基礎図形科学	櫻 井 俊 明 著	122頁
よ く わ か る 機 械 製 図	櫻井・野田・八戸 共著	92頁
よくわかるコンピュータによる製図	櫻井・井原・矢田 共著	92頁
材 料 力 学 （ 改 訂 版 ）	竹 内 洋 一 郎 著	320頁
基 礎 材 料 力 学	柳沢・野田・入交・中村 他著	184頁
基 礎 材 料 力 学 演 習	柳沢・野田・入交・中村 他著	186頁
基 礎 弾 性 力 学	野田・谷川・須見・辻 共著	196頁
基 礎 塑 性 力 学	野田・中村(保) 共著	182頁
基 礎 計 算 力 学	谷川・畑・中西・野田 共著	218頁
要 説 材 料 力 学	野田・谷川・辻・渡邊 他著	270頁
要 説 材 料 力 学 演 習	野田・谷川・芦田・辻 他著	224頁
基 礎 入 門 材 料 力 学	中 條 祐 一 著	156頁
新 版 機 械 材 料 の 基 礎	湯 浅 栄 二 著	126頁
基 礎 か ら の 材 料 加 工 法	横田・青山・清水・井上 他著	214頁
新版 基礎からの機械・金属材料	斎藤・小林・中川 共著	156頁
わ か る 内 燃 機 関	廣 安 博 之 著	272頁
わ か る 熱 力 学	田中・田川・氏家 共著	204頁
わ か る 蒸 気 工 学	西川 監修 田川・川口 共著	308頁
伝 熱 工 学 の 基 礎	望 月・村 田 共著	296頁
基 礎 か ら の 伝 熱 工 学	佐 野・齊 藤 共著	160頁
ゼロからスタート・熱力学	石 原・飽 本 共著	172頁
工 業 熱 力 学 入 門	東 之 弘 著	110頁
わ か る 自 動 車 工 学	樋口・長江・小口・渡部 他著	206頁
わ か る 流 体 の 力 学	山枡・横溝・森田 共著	202頁
わ か る 水 力 学	今市・田口・谷林・本池 共著	196頁
水 力 学 と 流 体 機 械	八田・田口・加賀 共著	208頁
流 体 力 学 の 基 礎	八田・鳥居・田口 共著	200頁
基 礎 か ら の 流 体 工 学	築地・山根・白濱 共著	148頁
基 礎 か ら の 流 れ 工 学	江 尻 英 治 著	184頁
わかるアナログ電子回路	江間・和田・深井・金谷 共著	252頁
わかるディジタル電子回路	秋谷・平間・都築・長田 他著	200頁
電 子 回 路 の 講 義 と 演 習	杉本・島・谷本 共著	250頁

日新出版の教科書・参考書

要 点 学 習 電 子 回 路	太 田・加 藤 共著	124頁
わ か る 電 子 物 性	中澤・江良・野村・矢萩 共著	180頁
基礎からの半導体工学	清水・星・池田 共著	128頁
基礎からの半導体デバイス	和保・澤田・佐々木・北川 他著	180頁
電 子 デ バ イ ス 入 門	室・脇田・阿武 共著	140頁
わ か る 電 子 計 測	中根・渡辺・葛谷・山﨑 共著	224頁
要 点 学 習 通 信 工 学	太 田・小 堀 共著	134頁
新版わかる電気回路演習	百目鬼・岩尾・瀬戸・江原 共著	200頁
わかる電気回路基礎演習	光井・伊藤・海老原 共著	202頁
電気回路の講義と演習	岩﨑・齋藤・八田・入倉 共著	196頁
英 語 で 学 ぶ 電 気 回 路	永吉・水谷・岡崎・日高 共著	226頁
わ か る 音 響 学	中村・吉久・深井・谷澤 共著	152頁
音 響 学 入 門	吉久(信)・谷澤・吉久(光)共著	118頁
電磁気学の講義と演習	湯本・山口・髙橋・吉久 共著	216頁
基 礎 か ら の 電 磁 気 学	中川・中田・佐々木・鈴木 共著	126頁
電 磁 気 学 入 門	中 田・松 本 共著	165頁
基礎からの電磁波工学	伊藤・岩﨑・岡田・長谷川 共著	204頁
基礎からの高電圧工学	花 岡・石 田 共著	216頁
わ か る 情 報 理 論	島田・木内・大松 共著	190頁
わ か る 画 像 工 学	赤 塚・稲 村 編著	226頁
基礎からのコンピュータグラフィックス	向 井 信 彦 著	191頁
生活環境 データの統計的解析入門	藤井・清澄・篠原・古本 共著	146頁
新 版 論 理 設 計 入 門	相原・高松・林田・髙橋 共著	146頁
情報処理技法の基礎	添田・柴田・田渕 共著	158頁
デジタル時代の論理代数	星野・山内・北久保 共著	108頁
ロ ボ ッ ト・意 識・心	武 野 純 一 著	158頁
熱 応 力	竹内著・野田増補	456頁
力 学 ・ 波 動	浅田・星野・中島・藤間 他著	236頁
技 術 系 物 理 基 礎	岩井 編著 巨海・森本 他著	321頁
初 等 熱 力 学・統 計 力 学	竹内・三嶋・稲部 共著	124頁
基 礎 物 性 物 理 工 学	石黒・竹内・冨田 共著	202頁
環 境 の 化 学	安藤・古田・瀬戸・秋山 共著	180頁
人 間 と 環 境	安 藤・藤 田 共著	194頁
増補改訂 現 代 の 化 学	渡辺・松本・上原・寺嶋 共著	210頁
構 造 力 学 の 基 礎	竹 間・樫 山 共著	312頁
技 術 系 数 学 基 礎	岩 井 善 太 著	294頁
基礎から応用までのラプラス変換・フーリエ解析	森 本・村 上 共著	145頁
Mathematica と 微 分 方 程 式	野 原 勉 著	198頁
理系のための 数 学 リテラシー	野 原・矢 作 共著	100頁
微 分 方 程 式 通 論	矢 野 健 太 郎 著	408頁
わ か る 代 数 学	秋山著・春日屋 改訂	342頁
わ か る 三 角 法	秋山著・春日屋 改訂	268頁
わ か る 幾 何 学	秋山著・春日屋 改訂	388頁
わ か る 立 体 幾 何 学	秋山著・春日屋 改訂	294頁
解 析 幾 何 早 わ か り	秋山著・春日屋 改訂	278頁
微 分 積 分 早 わ か り	秋山著・春日屋 改訂	208頁
微 分 方 程 式 早 わ か り	春 日 屋 伸 昌 著	136頁
わ か る 微 分 学	秋山著・春日屋 改訂	410頁
わ か る 積 分 学	秋山著・春日屋 改訂	310頁
わ か る 常 微 分 方 程 式	春 日 屋 伸 昌 著	356頁